U0339043

后浪

# 如何找到想做的工作

適職の地図

自分だけの強みが遊ぶように見つかる


〔日〕土谷爱 著

叶文麟 译



贵州出版集团

贵州人民出版社

# 目　录

## 第 2 天 / 选择关卡（想做的事情）



## 第 3 天 / 发现你的基本特质（先天强项）

## 第 4 天 / 掌握魔法“咒语”（后天强项）

## 第 5 天 / 制作道具清单（资源强项）



## 第 6 天 / 设置终点、中间节点和主线任务，制作"理想职业地图"

## 第 7 天 / 写下强项、敌人及隐藏任务，完成“理想职业地图”

请翻到下一页，

并在10秒内回答问题。

如果我说，

我能告诉你什么是“最适合你的职业”——

它不仅能让你赚到足够多的钱，

让你每天早晨起来都满怀期待，

还能让你过得无比充实和充满成就感！

你会想知道吗？

如果你的回答是“不”，

那么现在就合上这本书也没关系。

因为这本书针对的是这样一类困惑：

“不知道自己适合什么职业。”

“不知道自己想做的是什么。”

“不知道自己的强项是什么。”

对于因持有这些困惑而在人生中

“迷了路”的人来说，

本书是能够解决他们的疑惑，

并指引他们找到理想职业的“秘密地图”。

前言

# 知道自己的强项后，人生就会发生巨变

我的名字叫“土谷 爱”（Tsuchitani Ai），是一名强项发掘顾问。

在本书前言，我想先简单地聊一聊有着“强项发掘顾问”这个特殊头衔的我为什么想要写这本书。

当前我正经营着一家面向职场人士的教育培训公司。

对那些“不知道自己的强项是什么”的人，我一直在倡导一种“发现真正强项的自我分析法”。迄今为止，我已经向超过 7000 人传授了这种方法。

如今的我虽然以专家的身份现身于媒体，但实际上，原本的我却过着截然相反的生活。

从小学起，我就从未展现出什么过人的学习能力，不但不喜欢惹人注目，还不擅长与他人交流。在大学时代的求职过程中，我甚至还有过落选 100 家公司的惨败经验。

一直以来的痛苦经历令我非常悲观：

“我有什么强项吗？”（不，恐怕没有吧……）

“想找到自己想做的事情，把只有一次的人生整个儿投进去。”（但是，我多半是找不到的吧……）

“感觉自己不适合现在的工作，想要辞职。”（可又害怕找不到下一份工作，不敢辞职……）

就这样，我选择了一种“放弃自我”的生活方式。

可没想到的是，改变人生的转机悄然而至。在我23岁时，同事的一句无心插柳的话使我明白了自己的强项所在。

以此为契机，我开始改变工作方式和周边环境，然后在28岁时开始创业。

如今我已找到自己想做的事情并能以此谋生；得益于客户与合作伙伴们的青睐，我深感自己总算过上了理想人生。

**曾认为自己“一无所有”而自暴自弃的我，正是因为明白了自己的强项所在，以及如何发挥自己的强项，才使得人生发生了巨大的改变。**

**为此，我希望他人也能像我一样，通过对“自我”的了解，通过灵活发挥自己的强项，来实现理想人生。**

出于这样的想法，我写了这本书。

当今社会，**“把爱好当工作”“发挥个性与强项”**这类言论不绝于耳，可遗憾的是，在我看来，真正能找到自己想做的事情、能自信地畅谈自身个性与强项的人其实并不多见。

我想你也是这样吧？自己的强项、自己想做的事情、适合自己的职业……正因为你还没能找到这些，所以才会拿起这本书。

听到“自我分析”这个词时，你会有什么样的印象呢？

大多数人往往要到求职阶段才会接触到“自我分析”之类的概念吧？我就是这样的。

但是如今回想起来，当时我所进行的自我分析，并不是为了了解“真正的自我”而做的分析。说到底，那不过是我为了迎合面试官或是公司的人才要求，扮演他人眼中的“正确形象”的一种求职策略罢了。

更进一步地说，在从挑选工作和公司的阶段开始，我想的就是“成为正式员工能让父母安心”“要挑选一家对外形象良好的大企业”等，这又何尝不是按照他人眼中的“正确”而进行的思考呢？

可我却误将这种思考当成了自我分析，结果投身到了并不适合“真正的自我”的工作和环境当中，导致每份工作都无法做得长久，在反复跳槽中日益加深着对自我的否定：“我可真是没用啊！”

当时那种痛苦的情绪如今回忆起来依旧鲜明。

我想，肯定有很多人与那时的我一样，在心里把“自我分析”与“痛苦”“麻烦”画上了等号。

因此在本书中，**我并非想教大家如何扮演他人眼中的“正确形象”，而是希望通过采用一种有趣的游戏形式，寓教于乐地向大家传达“发现真正强项的自我分析法”**。

本书的主人公是一位就职于文员岗位但又不安于平淡人生而心情烦闷的姐姐，以及她正处于大学求职阶段的弟弟。

此外，还有一位神秘女士会以领路人的身份登场。

你只需要跟随他们一起，按照游戏流程完成相应的练习，短短7天后，你就能找到：①自己想做的事情；②自己的强项；③找到适合自己的职业的具体方案。

这些练习不会很难，并且它们是为了让每个人都能完成而精心设置的，所以请你放心。

但话说回来，设置这些练习的根本目的就是帮助你找到**适合自己的职业**，从而**“让你赚到足够多的钱”“让你每天早晨起来都满怀期待”“让你过得无比充实和充满成就感”**，所以我希望你能心怀激动与畅想，尽情地去体验。

愿你能在充分享受游戏乐趣的同时，紧紧地将理想人生掌握在自己手中。

唉……不行了，我感觉自己的路走到头了。

怎么啦？不是你想来这家咖啡店的嘛，怎么一直唉声叹气的？

我面试又被刷下来了……还以为这次多半没问题了。不行了，连这么高档的咖啡喝起来都没什么感觉。

别在意。平时你就不太靠谱，肯定是面试的时候又捅什么娄子了吧。

你就别在我伤口上撒盐了……倒是老姐你怎么样？不是说最近准备换工作吗？

这个嘛，我也就是在招聘网站上随便看看。感觉没什么看得上的职位。

哦。那还是打算换文员岗？

倒不是说一定要做文员。况且现在这份工作我本来就觉得不太适合自己……不过我马上就要 30 岁了，现在再考虑文员以外的工作，还真想不出来有什么是自己想做的。总觉得心烦，招聘网站都不想看了，有种想对现实低头的感觉。

跟至今 0 内定[1] 的我相比，老姐你能找到工作就已经算很不错了。话说回来，现在这份工作，其实你本来并不想做吗？

那当然！我当时找工作就是随大流……毕竟也没什么明显的强项。结果就是，工作了 5 年，我也不知道什么职业适合自己。

我也想知道什么职业适合自己！之前还过得挺自由自在的，一上大三，周围人就都开始说什么“找工作一定要做好自我分析”之类的，我又不知道该怎么做……而且我也不知道自己的强项是什么，就感觉不知道该怎么找到自己想做的事情。

唉，混社会难啊……欸？

嗯？怎么了？

……你看，对面那桌那位女士……

啊？……哇，那是什么奇葩的打扮?!

嘘——她在往我们这边看呢！可别跟她对上眼。

1 内定：指公司在决定与劳动者签订劳动合同后，提前以内部形式通知对方。此时如果劳动者同意内定，就相当于签订了劳动合同。——译者注（若无特殊说明，本书脚注均为译者注）

哎，她是不是在往这边走?

我说，你们两位，从刚才开始是不是一直在盯着我看?

呃……不是，这个，对不起，我们并没有恶意……

看起来，两位一位是学生，一位是办公室文员吧。呵呵，难怪这么关心“自己想做的事情”“适合自己的职业”什么的。

您听……听到我们在聊什么了?

真不好意思，因为你们和我年轻的时候实在是太像了……不过有句话我想对你们说，如果两位像现在这样继续下去的话，不管是自己的强项、自己想做的事情，还是适合自己的职业，这辈子都没法搞清楚。

呃……你凭……凭什么这么说！

凭什么……对了，接下来有一场很好玩的游戏，你们要不要来玩玩看？

游戏？什么游戏啊，这么突然……

哈哈，别害怕，是我组织的“理想职业大冒险”。如果参加这场游戏，你们的那些烦恼，我想……只要 7 天就能彻彻底底地解决。

真的吗？……哼，我懂了，你这是那种在咖啡店里专挑年轻人下手的诈骗吧！

哈哈，放心，一分钱都不会收你们的。对了，这份“理想职业地图”也给你们，这是“理想职业大冒险”的入场券，也是唯一能解决你们烦恼的锦囊妙计，可千万别弄丢了哦。

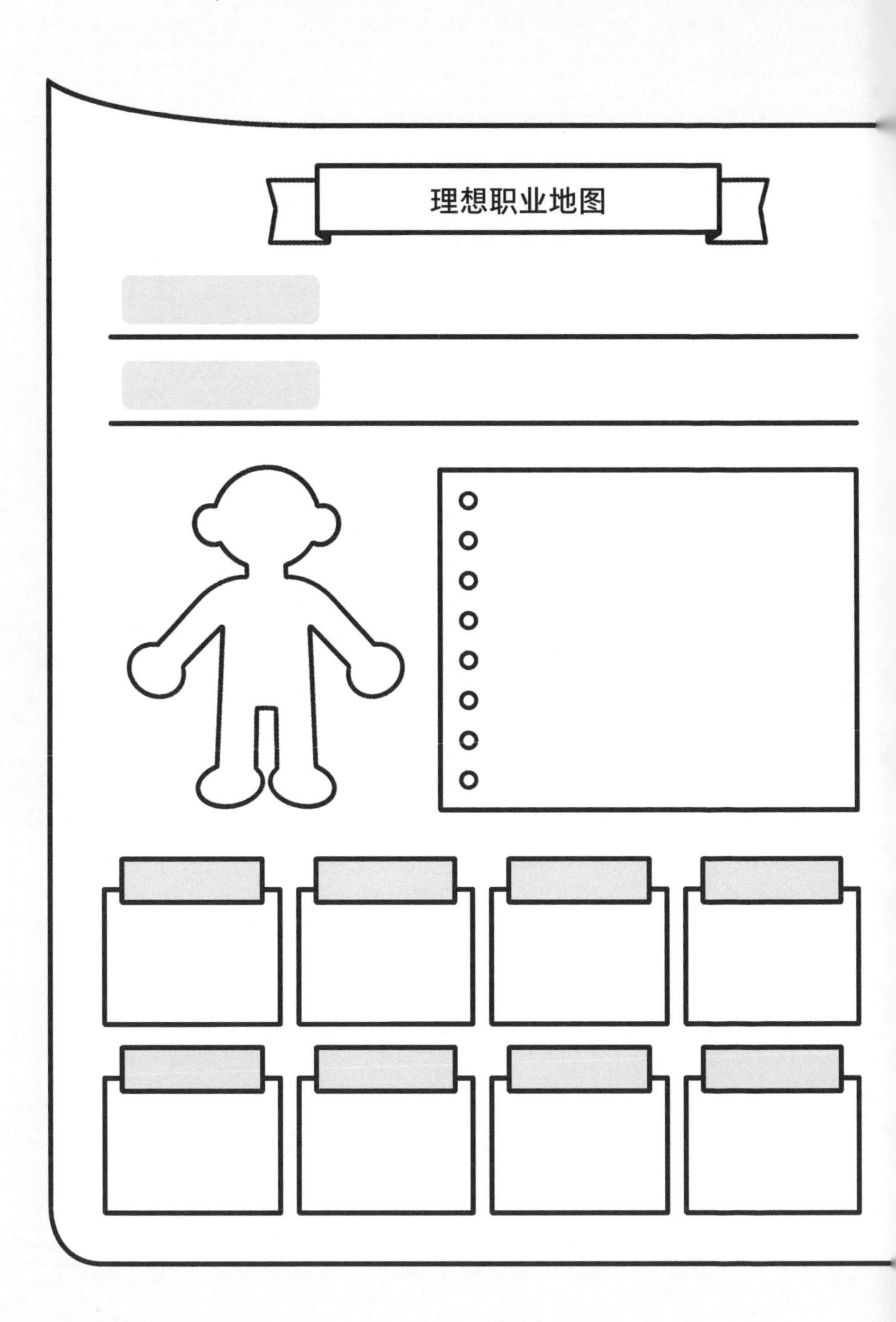
理想职业地图

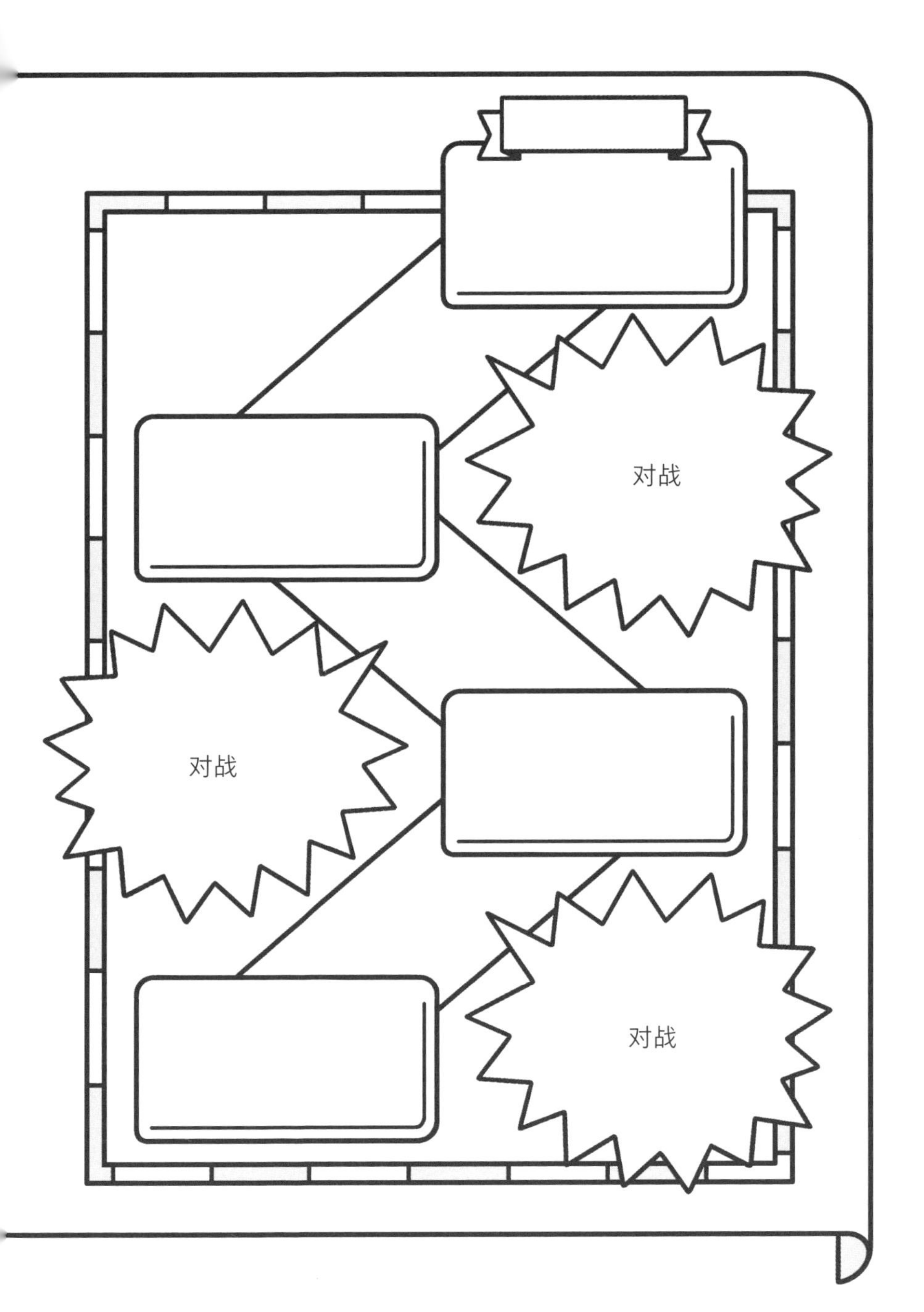
对战
对战
对战

理想职业……地图??? 这些奇奇怪怪的方框又是什么?

游戏10分钟之后开始。我会在这家咖啡店隔壁大楼的门口等你们。再强调一遍，我一分钱都不会收你们的，但是一定记得要把这张地图带过来。那么，稍后见啦。

啊，就这么走了……

这位女士怎么回事啊，这么自说自话……

怎……怎么办？这张地图……虽说只是一张纸……

嗯——虽说挺可疑的……但如果我继续像现在这样稀里糊涂地找份工作，也没什么出路，倒不如跟着去看看，说不定有什么眉目……

……是啊。我也一样，明明已经工作了5年，至今还是不知道自己的强项……那个人虽然看着可疑，但戳到了我们的痛点。那好，我们先过去听听她怎么说吧。天色还早，而且我们还是两个人，应该没问题的吧。

——结账后，两人紧紧攥着“理想职业地图”，战战兢兢地朝着目标大楼走去。

哎呀！你们来啦。哈哈……“理想职业大冒险”的入口就是这里啦。

在这场游戏中，你们将在回顾自己人生的同时，找到自己想做的事情，发现你们本身一直就拥有的强项。并且最终，你们也会找到适合自己的职业，从而实现理想人生。

进去之后，会有导游为你们进行详细说明的。那么，请进吧。

# 3 大原则

在即将开启“理想职业大冒险”的旅程之际，希望你首先牢记以下 3 大原则。

原则 1 ▸ 所谓强项，并不仅仅是指“才能”或“优异的成绩”。

原则 2 ▸ 所谓强项，是每个人都拥有的特质。

原则 3 ▸ 所谓强项，是能够自主培养的特质。

这个世界上误解了“强项”一词内涵的人实在太多太多。因此，能否理解这些原则，会对你接下来的“游戏攻关体验”产生巨大的影响，所以请一定要牢记于心。下面请允许我逐一进行说明吧。

## 原则 1 所谓强项，并不仅仅是指“才能”或“优异的成绩”

说得更准确一些，尽管“与生俱来的才能”的确能成为一个人的强项所在，但强项并不“仅仅”是指才能本身。

当你听到“强项”这个词，脑海中浮现的是怎样的情景呢？

- 是像“全国第一名”“知名大学毕业生”“国家级证书”这样只有名列前茅的人才能获得的资格或头衔？

- 是像“能像海归那样说一口流利的英语”“10年编程经验”这样出众的技能或本领?
- 还是像“跑得快”“脑袋灵光”“九头身的模特身材”这样与生俱来的才能或外表?

如果你所想到的尽是这些，那可一定要注意了。这样下去你也许会永远沉溺在对“强项”这一概念的迷失当中，怎么琢磨都会觉得:“嗯…… 我好像真的没什么强项……”

诚然，若一个人具备如前所述的特质，那么这些特质显然就是他的强项所在。

可是，如果认为这些就是“强项”一词的全部内涵…… 那未免也太狭隘了!

一言以蔽之，本书将“强项”定义为“能够有效辅助目的达成的特质”。

当然了，如果我们翻开词典，会发现其对“强项”一词是这样解释的:“**①实力强的项目(多指体育比赛项目); ②不肯低头，形容刚强正直不屈服。**”

但是，不管是体育比赛表现，还是个人性格特点，都是会随着时间和场合的变化而变化的，对吧?

比方说，一个人跑得很快但擅长的是短跑，那么他在运动会上参加短距离的接力赛项目肯定是有优势的。可是，如果他参加的是长距离的马拉松比赛，情况就不尽相同了。

究其原因，要实现接力赛的目的——“在较短的距离内快速奔跑”，需要的是“速度”；而要实现马拉松比赛的目的——“跑完一段较长的距离”，需要的则是“耐力”。这两个项目所要求的特质并不相同。

也就是说，当目的发生变化时，辅助这一目的达成所需要的特质也会为之一变。

因此我们说，**“强项”是一种“能够有效辅助目的达成的特质”**。而为了达成目的，并不一定需要特别的才能或成绩。

## 原则 2 所谓强项，是每个人都拥有的特质

“强项”并不是“只有少部分人才拥有的特质”，而是“每个人都拥有的特质”。

这是因为，对每个人所具有的特质而言，并不存在绝对的“强”和“弱”。准确来说，每个人都有着无数特质，这些特质会随着情况的变化而时强时弱。

让我们结合游戏场景来思考吧。假设你驾着一条能够使用“喷火”技能的巨龙，准备前往击倒怪兽。

怪兽出现了！看样子是与你同样有着操纵火焰能力的敌人。那么，如果你对这只怪兽使用了“喷火”技能，会发生什么呢？

恐怕无论你怎么拼命喷火，这只

怪兽也不会受到任何伤害吧。在这种情况下，你就应该**使用其他类别的技能**。我们知道“水能克火”，所以使用水性技能或许更容易打倒眼前的敌人。

接下来，出现在眼前的是“怕火的敌人”。那这次会是什么样的情况呢？

**结果，这次和之前的情况截然不同，“喷火”摇身一变，成了格外有用的技能！**

在火焰的喷射之下，敌人转瞬之间就融化了。恭喜！**你根据敌人的属性选择了合适的技能，从而获得了可喜的胜利。**

面对的敌人发生变化，应该使用的技能自然也要随之改变。这就是要点所在。

同样是“喷火”这个技能，由于敌人的不同，它时而大显神威，时而又毫无效果。也就是说，对你而言，从一开始就没有什么能被当作“必胜法”的绝对的、最强的技能。

**只有当你根据“敌人的属性”施展出合适的技能时，这个技能才会成为给你带来胜利的强项。**

· 想要击败什么属性的敌人＝这场战斗的目的。

· 战胜敌人的技能＝在这场战斗中发挥作用的强项。

所谓强项，说到底就是这么一回事。

这一点，也适用于现实世界中的你。

· 可以轻松完成烦琐的工作。
· 每天都自己准备午餐。
· 在烤肉店打了3年工。

无数相伴你的特质，在现阶段并没有强弱之分。

但是，**当这些特质在特定的场所、对特定的对象使用时，就会变成强项**。

· 当“不擅长烦琐工作的人”发来工作请求。
· 向“不通厨艺的人”提供建议。
· 给“经营烤肉店的熟人”提供帮助。

像这样，只要找到活用自己特质的方式，这些特质就能转化成你的强项；而只要这些特质能对你实现自己的目的产生一丁点儿助推作用，它就算是你的强项。

## 原则 3 所谓强项，是能够自主培养的特质

最后我想对你说的是，强项是可以自主培养出来的！

在本书中，我会将被视作强项的特质按照以下10个维度进行分类。

这当中既有先天就拥有的强项，也有后天培养的强项，并且**其中**

**8种属于后天培养的强项**！（本书正文会对此进行详细阐释。）

因此，即便你认为当下的自己“没有任何强项”也没有关系（因为根本不存在“没有任何强项”的人）。

只要你有心，不管多少强项都可以培养出来，所以请安心体验这场有趣的游戏吧！

新手教程

2

# 7 日攻关路线

## ① 设定好寻找强项的目的（游戏的结局）

身为游戏主人公的你，在游戏结束后迎来的结局中，希望自己变成有着怎样形象的人呢？这一点，你可以从一开始就思考清楚。

【第 1 天】仔细思考对自己来说什么是理想未来。

【第 2 天】挑选和明确为实现这一理想未来，自己需要做哪些想做的事情。

你大可以怀着激动的心情去决定自己从哪个关卡开始游戏，决定攻关后给自己什么样的奖励。如此一来，令这场游戏变得格外有趣的准备工作就完成了！

▼

## ② 发掘自己的强项（特性、"咒语"、道具）并进行装备

接下来你要寻找能够帮助你抵达目的地的强项。在这一阶段，身为主人公的你将对发掘出来的各种东西进行盘点，然后装备到自己身上。

【第3天】发现你的基本特质——“先天强项”（如外表、性格）。

【第4天】发现那些像“咒语”一样可以通过不断学习掌握的“后天强项”（如经验、知识、技能、成绩）。

【第5天】发现那些能在关键时刻起作用的道具，也就是“资源强项”（如时间、金钱、物品、人脉）。

至此，你已经做好同敌人战斗的准备了！

▼

## 3 画出地图，以强项为武器，向目的地奋进

决定好了目的地，也找到了自己想做的事情和强项，接下来你要做的就只有一件事了，那就是画出“通往目的地的地图”，然后攥着这张地图一个劲儿地朝着目的地奋进。

【第6天】画出“通往目的地的地图”。为更好地达成目的，你可能需要设置一些中间节点，或是具体的行动任务。

【第7天】预测一路上会出现哪些敌人，制订战斗策略。通过对这一路上所发现的强项进行搭配组合，制订好作战策略，以迎接拦路强敌的挑战。

然后，你要做的就是在实际游戏中不断击倒沿途的杂鱼敌人[1]乃至终极BOSS[2]，朝着目的地一路进发！

1 杂鱼敌人是对游戏中常见的弱小敌人的一种称呼，他们数量众多，但非常容易被击败，通常用于给主角练级或者送经验。——编者注

2 BOSS是游戏中强大的守关敌人，数量较少，难以击败，主角将其击败后往往会获得巨大的游戏奖励和成就。——编者注

新手教程

3

# 5 条规则

至此，“理想职业大冒险”终于要开始了。

在游戏过程中，请一定要遵守以下 5 条规则，这样游戏才会变得格外有趣。

1. 从第 1 天开始，按照顺序完成练习！
2. 在开始练习之前，告诉自己：“强项 = 能够有效辅助目的达成的特质”！
3. 做练习时要摒弃杂念，写得越多越好！
4. 完成一天的任务后，给自己一点儿奖励！
5. 不要想得太复杂，好好享受！

总之，这终究只是一场游戏，好好享受比什么都重要。

尤其是在完成练习的时候请注意，不要提前在心里进行预判，觉得“这个可能是强项”“这个也许算不上强项”。你只管放松地去写就可以了。记住：“先把它写下来，然后再考虑如何运用！”

不管是多么微不足道的特质，写出来的数量越多，就越容易从中找出自己的强项。

同时，在每天的练习完成后，别忘了给自己一些小小的奖励，比如吃点儿好吃的、听听喜欢的音乐、看看喜欢的视频。

如果你感觉今天的自己相比昨天有着明显的进步，更是要好好地夸奖自己一番。

那么，“理想职业大冒险”正式开始！

这游戏感觉还挺有意思的?!

真稀奇啊，老姐你居然这么来劲。不过我能理解。这可能是我们第一次遇到有人用理论化的方式来解释“强项”。再说了，学校里也不会教什么“自我分析法”。

的确是这样。我踏进社会都 5 年了，今天才恍然大悟。

就像人家说的，“发掘强项”说白了就是列举自己有哪些特质，然后灵活地运用这些特质。

是啊。**“强项并不是某些人所特有的”**这一观点也很新颖。像是举例的时候说到的，即使从“在烤肉店打过工”这样的经历中也能找出可以发展为强项的特质……这么说的话，我是不是也能找到自己的强项呢?

对哦，老姐你读大学的时候不就在烤肉店打过工嘛。

没错没错。那个时候我每天都有排班，这让我对烤肉的各个种类记得特别清楚……哎呀?那我算不算是有一种“掌握烤肉种类相关知识”的特质呢?这一点能不能发展成我的强项呢?

确实啊，根据对象或环境的不同，特质是可以转化为强项的嘛……这么说的话，老姐岂不是很适合给那些“想在家里好好吃上一顿烤肉的人”提供咨询？

哇——真不错！我想，给那些“减肥期间想吃烤肉又不想发胖的人”做推荐也不错呢。虽说我在公司里的工作做得不怎么样，但如果周末去超市的肉类专柜打工的话，没准儿立马就能大显身手呢！

老姐，你说如果我们把这款游戏玩通关了，是不是真的能找到点儿什么眉目？感觉有点儿兴奋了，我们赶紧开始吧！

——二人手握空白的“理想职业地图”，怀着雀跃的心情，迈着轻快的步伐，朝着游戏的世界进发了。

理想
职业
地图

# 第 1 天

## 决定游戏的结局（理想未来）

DAY 1

哎呀？马上就要开始“理想职业大冒险”了，你怎么一脸忧愁呀？

我突然想起来了，昨天加班的时候，部长开玩笑似的跟我说了一句：“你这个人没什么行动力呀。”这让我挺受打击的……不过想来也是，说想要换工作，但一直都没有行动起来。

等一下！你可以像刚才学到的那样，试着把“没有行动力”这个特质转换成强项，对吧？

对……对哦。反过来想，也可以说我这个人做事比较慎重嘛……但是，我还是希望自己能在换工作这方面稍微加把劲儿呢。

这样啊。

我这个人啊，从本性上来说，很容易对一件事情感到腻烦，做什么都没法坚持下去。比如说之前公司同事推荐我去考一个资格证，然后我就开始学习。最开始的三天还学得下去，但最近一回到家就开始懒散地刷视频。所以我很羡慕那些和自己个性相反的、做事干净利落、非常有行动力的人……

呵呵，羡慕有行动力的人？这可真是天大的误会。

哇！吓我一跳……您还在呀。

你为什么没法在换工作方面加把劲儿？为什么考证的学习没法坚持下去？为什么没法付出行动？这些其实都是有理由的。只要你明白了其中的理由，你就再也不会觉得自己“没有行动力”了。

欸，是这样吗？可是，行动力不应该算是一种能力……吗？

呵呵，正好第 1 天的游戏就是为了让你们了解自己真正的动力是什么。哦，导游已经来了，游戏马上就要开始了。那么两位，要尽情享受哦。

……走掉了，但还是和之前一样指出了我们的痛点……起码有一点儿提示了。我们赶紧出发吧！

DAY 1

# 决定游戏的结局

第 1 天

结局是指你游戏通关后将获得的理想未来。在找到理想职业后，你希望自己拥有什么样的状态呢？首先，请尽情地畅想一番吧。

MISSION

## 什么才是理想职业？

请允许我唐突地问一句："理想职业到底是什么呢？"

· 是适合自己的工作？
· 是值得倾注热情的工作？
· 是尽可能轻松且收入很高的工作？

这些可能都属于正确答案。

但是，在本游戏中，"理想职业"被定义为"能够助你实现理想人生的工作"。

至于为什么嘛……

"你为什么工作呢？"

如果我现在突然这么问，你会怎么回答呢？

当然，肯定会有很多人回答"赚钱维持生活"，毕竟这是人生的大前提。可是，对"赚到钱之后，你想做些什么"这一问题，答案往往因人而异。

比方说，有的人是为了通过工作赚钱，从而给家人提供富足的生活。

有的人是为了在工作中做出成绩，从而让自己变得更自信。

有的人可能是希望通过体验团队协作，从中结识值得信赖的伙伴或朋友。

这些不就恰恰说明，我们每天工作的目的是，**以此为手段来让自己过上“这样的生活”——理想人生**吗?

这就是本书将“理想职业”定义为**“能够助你实现理想人生的工作”**的原因。

## 首先决定好理想未来吧

接下来，为了找到理想职业，首先你要做的是明确自己希望通过工作来获得什么样的理想人生。也就是说，你要决定好，从你现在身处的位置来看，自己将要前往的理想未来所在的方向。

理想未来可以通过如下公式来实现。

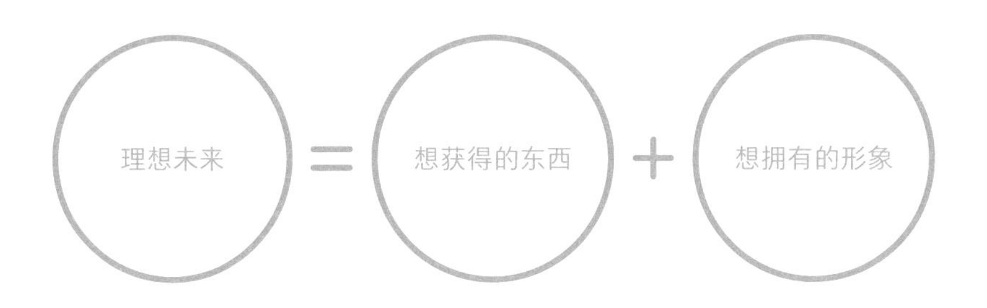


如果将你的理想未来加以分解，你会发现它是由你“想获得的东西”和“想拥有的形象”所构成的。

换个说法就是，在你的心中，既有着“我想要什么东西”的物质需求，也有着“我想成为什么样的人”的精神需求。当然，有的人物质需求更强，有的人则相反。也就是说，这两种需求的比重因人而异。另外，即使是同一个人，也会在某一个时期精神需求更强些，另一个时期则相反。也就是说，物质需求和精神需求的比重会随着个体的状态而发生改变。

但不管怎么说，现在最重要的是将你“想获得的东西”和“想拥有的形象”分别转换为具体的语言文字（言语化）。

这种言语化的手段也是一道**设定目的地**的工序，它针对的问题是，你想要通过工作向什么样的方向前进。

那么，我们为什么有必要事先决定好目的地——理想未来呢？

这是因为，**一旦我们设定好了对自己而言真正想去的“充满魅力的目的地”，人生当中的迷惘就会急剧减少**。

在我们的一生当中，工作占据了非常长的时间。很多人哪怕换了工作，换了职场，本质上还是会以某种形式一直工作下去。

如果不设目的地，就这么工作数月乃至数年时间，其间时不时地为“自己真正想做的事情是什么”感到迷惘，或是每天对“这份工作继续做下去有什么意义”感到纠结，这何尝不是一种时间的浪费呢？

相反，对那些已经明确了“充满魅力的目的地”的人来说，情况则全然不同。

**“我很享受待在家里的时间，所以如果要换工作，一定要换一份能够远程办公的工作。为此，从现在起我就要培养相应的技能。”**

**“在我的价值观中，自身的成长至关重要，因此为了获得与以往截然不同的经历，我决定挑战自主创业。”**

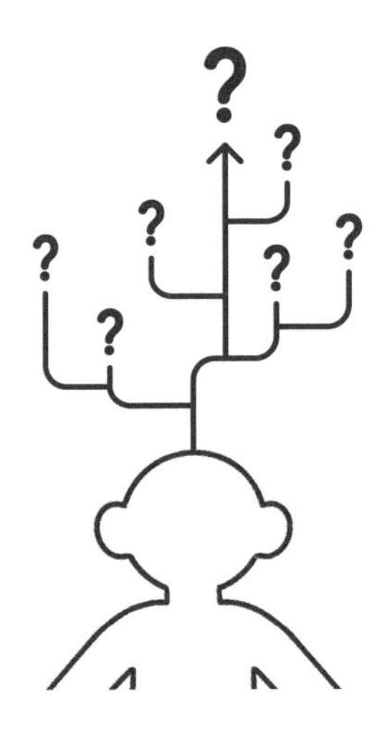

如果目的地不明确……

如果目的地明确……

像这样，如果明确了自身的判断标准，就可以主动抓住机会，毫不犹豫地进行各种挑战。

就职、升职、调岗、跳槽、副业、创业……我们总是对繁多的选项感到烦恼，对应该如何行动感到迷惘。

可是，只要我们明确了自己的理想未来，决定“应该采取怎样的行动”的速度就能显著提升。

并且，一旦开始行动，我们心中就会持续涌出无限动力，驱使着自己为实现理想未来而努力奋斗，继而不断提升行动的速度。

回到最初的话题，**理想职业就是能够助你实现理想人生的工作。**

今后，即使你换了工作，换了行业，只要你始终坚持从事能够带你通往理想未来的工作，那便意味着你已经在从事理想职业了。

也许有很多人会这样想：“要是我知道这个理想未来是什么，当然不会这么辛苦了，关键是我不知道啊！”

别担心，只要你完成后面的练习，你一定能明确自己的理想未来的。

## 为什么我总是缺乏持续的动力？

即使明确了理想未来，其实还是会有很多人苦恼于“努力不起来”“缺乏行动力”“缺少驱动力”“没办法坚持”“容易腻烦”等一系列问题。

为了提高收入，需要通过考证来升职，
但就是努力不起来……

想要换份工作，
但总是没法专注找新工作……

有做副业的想法，
但又不想在休息日工作……

我们经常能听到诸如此类的烦恼。

但是，这个世界上并不存在“对任何事情都没有驱动力或行动力的人”。

准确地说，**不管是什么人，都会有“能让其涌出驱动力、发挥行动力去做的事情”和“没有驱动力、无法坚持做下去的事情”**。

比如，有的人喜欢工作，能为工作付出努力，却对做家务一点儿都提不起劲儿。

有的人很喜欢香薰，在学习相关知识的时候特别入迷，但是对于公司指定要考的资格证，学习起来却感到格外痛苦。

由此可见，“行动不起来”“无法坚持”等现象之所以出现，原因并非“当事人缺乏行动力或驱动力”，而在于当事人未朝着“自己所追求的目的地”，而是朝着“他人所决定的目的地”前进。

· 不情愿地去追求公司规定的业绩指标。

· 听同事说“存款怎么说也要有100万日元[1]才行”，所以哪怕没有具体的目标也开始存钱了。

· 身边跳槽的朋友变多了，觉得自己也必须做点儿什么，非常焦虑，于是也准备换工作了。

像这样，其实很多人并不是发自内心地想要做某件事，只是受周围言论的影响，而处在一种看起来似乎有所行动的状态而已。

诚然，完成业绩指标也好，存款、跳槽也罢，它们本身并不是

1 根据日元兑人民币汇率，约5万元人民币。——编者注

坏事。

但是，如果没有“发自内心地想要做这件事”的意愿，绝大多数人的心理能量都会逐渐耗尽，行动也会变得迟缓起来。

这就好比心里希望自己能稍微休息一会儿，身体却始终在全力奔跑。

由于身心处于截然不同的状态，势必有一天会引发异常，从而导致整个人都停滞下来。

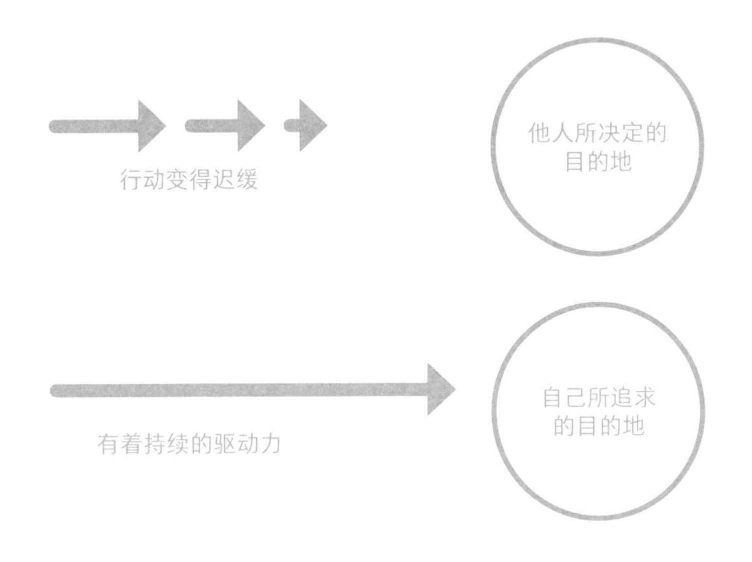


正因如此，为了使自己能够心安理得地“奔跑”，我们必须想清楚“自己想要什么”“想成为什么样的人”，设定好真正想要抵达的目的地，明确只属于自己的理想未来。

不管是完成业绩指标，还是存款、跳槽，即使重复做同一件事情，只要心里觉得“我就想这么做”，每天的精神动力就会大不相同。

这样一来，行动的数量和质量自然会有所提升，从而更容易取得成果，也更容易获得充实感。

## 玩家体验谈

# 倾听自己内心的声音之后，我找到了“重要的价值观”

我一直想从事一份稳定的工作，也知道为此需要掌握一些“高需求技能”，所以我选择了自己感兴趣的网页设计，并通过报班学习，如愿以偿地进入了一家网页设计公司工作。

但是后来，看着身边的同事在磨炼了技能之后相继独立出去创业，我逐渐感觉自己每天都过得很烦闷，也对将来产生了迷惘，心想：“大家都找到了自己的梦想，一个个独立出去了，而我却这么一直待在公司，重复做着相同的工作，这样真的好吗？”

这时，我玩到了这款游戏，并借助“明确理想未来”这一练习环节，听到了自己内心的声音，从中找到了我迄今为止从未思考过的“重要的价值观”。

对如今的我来说，和丈夫以及 3 岁的儿子一起度过的“家庭时间”比什么都重要，也比什么都要令我感到幸福。另外，我从小就很喜欢绘画，哪怕只是作为兴趣爱好，今后我也会坚持下去。

相反，我也察觉到，由于自己曾经有过为负债而苦恼的经历，所以绝不想再度体会那种“为钱而发愁的生活”。

综合以上价值观，我清楚地意识到，这种“抛弃稳定的收入选择独自创业，埋头于设计工作甚至失去与家人相处的时间”的状态并不是自己的理想生活。

在此之前，我是因为想当然地与那些独立出去创业的同事做比较，才感受到了一种难以言喻的焦虑，但现在的我已经理解了“每个人都经历着各自不同的人生，因此持有不同的价值观是理所当然的”“没有必要去追求和别人相同的未来”。如此一来，我的内心一下子变得轻松了不少。

这位玩家之所以能够找到自己满意的理想未来，是因为她抛弃了“因为大家都这么做”“因为现实要求我这么做”这类会在潜意识中为自己设限的主观臆想。

此外，除了明确“想要成为什么样的人”，对未来怀有积极的期待之外，承认自己“不想再体验这样的生活”，直率地接纳自己的负面心声，也在很大程度上起到了作用。

放弃与他人的比较，尽情享受对未来的自由畅想，并接纳由此产生的负面想法，或许你会在不经意间发现自己的理想未来。

## 自己的理想未来到底是什么样的呢?

第 1 天的各项练习具体来说就是为了让你了解自己内心动力的源泉是什么。

为此，“享受对未来的自由畅想”是至关重要的一点。

别去担心被别人看到会怎么样，**一定要诚实地写下自己的心声。**

无须在意他人的目光，也没必要使用什么华丽的辞藻。

我们前面说过，理想未来的公式是这样的:

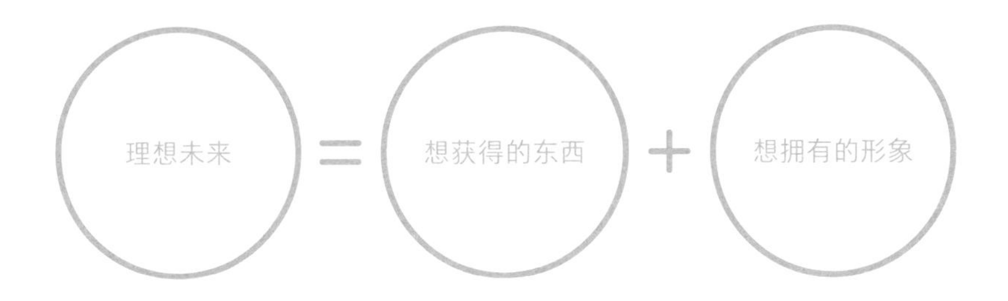


在找到“想获得的东西”和“想拥有的形象”之后，**知晓自身现在所持有的价值观是非常重要的。**你需要根据迄今为止经历的人生所形成的价值观来思考自己的未来。

那么接下来，就让我们开始一项能帮助你找到自己的价值观的练习吧。

## 1-1

# 价值观排序

1. 请将下面展示的 9 个关键词，按照“现在的你所认为的重要程度”进行排序。

| 要点 | 这些关键词只是示例，大多数人可能都会对这些内容表示在意。如果你想到了其他关键词，也可以添加进去。 |
| --- | --- |

| 金钱 | 想提高收入 / 不想为钱的问题而烦恼 |
| --- | --- |
| 时间 | 希望能享受自由的时间 / 不想被时间所束缚 |
| 关系 | 希望能与喜欢的人相处 / 不愿结交令人讨厌的人 |
| 地位 | 想要受到他人的称赞 / 想要获得认可 / 不愿意屈居人下 |
| 家庭 | 重视家庭的幸福和与家人相处的时间 |
| 兴趣 | 希望能享受兴趣爱好带给自己的快乐 |
| 健康 | 想调整身心状态 / 想追求美丽和年轻 |
| 自信 | 想要更加关爱自己 / 想变得更喜欢自己 |
| 贡献 | 想为他人提供帮助 / 想为社会做出贡献 |

2 在参与上一步排序的 9 个关键词中，前 3 位你为什么会这么排列？请试着回想一下促使你这样排列的契机和故事，然后用 3 到 5 行文字写下来吧。

| 要点 | 为什么这个关键词对你而言很重要？请写出与之相关的让你印象深刻的事情或者理由。（如果原因比较复杂，不成文也不要紧。只要是你想到的都可以写下来。） |
| --- | --- |

| | 价值观排序 | 理由 |
| --- | --- | --- |
| 第 1 位 | | |
| 第 2 位 | | |
| 第 3 位 | | |
| 第 4 位 | | |
| 第 5 位 | | |
| 第 6 位 | | |
| 第 7 位 | | |
| 第 8 位 | | |
| 第 9 位 | | |

### 第1位：自信（想变得更喜欢自己）

从学生时代起我成绩就很差，也不擅长运动，一直对自己很没有自信。考高中和大学的时候，我虽然非常努力，结果却都不理想，后来连找工作都不顺利，最终彻底丧失了自信。我希望能找到适合自己的工作，取得成果，让自己变得更加自信。

---

### 第2位：健康（想调整身心状态）

以前做销售的时候，我被繁重的工作搞坏了身体，非常痛苦。这段经历使我明白了，一旦身心出现了问题，不管是工作还是娱乐，都无法让自己发自内心地投入并享受其中。所以在今后的工作中，我会更加重视遵循自己的节奏，健康地工作。

---

### 第3位：时间（不想被时间所束缚）

我曾经从事的是协调多个部门的工作，当时总是被其他人的工作安排牵着鼻子走，这让我积攒了很多的压力。从这段经历中我学到了，如果我们在一定程度上没有办法按照自己的步调来工作，就容易因为焦虑而出现各种失误，从而导致情绪低落，到头来又不得不加班解决，使得身体状态越来越差。因此，我会优先选择有更多自由时间的工作。

由此可见，动机或理由并不一定都要是积极正面的。

哪怕是消极负面的理由，只要它能够成为“促使你行动起来的动力源泉”，那这就是一份精彩的回答。所以不管内容是什么，你只需要诚实地把你所想到的东西写出来就可以了。

那么，你此刻感觉如何呢？

光靠这份练习，你还不能直接明确自己“想获得的东西”和“想拥有的形象”。

不过，看着罗列出来的价值观中那些自己选出来的项目，你有什么感受呢？自己今后想过上怎样的人生，想走上怎样的人生道路，从现在你所选择的这些价值观中是否已经有所显现了呢？

在进行练习时，如果你突然想起了一些过去的回忆，不管它是什么，请一定要写在一旁的空白处。这样你才会更容易听见自己的心声。

好的，为发掘潜藏于你内心深处的理想未来所需要做的准备工作到此就全部完成了。

既然已经结束了“热身”，那么让我们继续接下来的练习吧！

1 - 2

# 你想获得什么东西？

请根据下面的表格，自由地写出你“理想中的生活方式”（只填写自己感兴趣的项目亦可）。

| 居住地区 | |
|---|---|
| 房屋 | |
| 三餐情况 | |
| 兴趣爱好 | |
| 家庭构成 | |
| 人际交往 | |
| 宠物 | |
| 光是看着就喜欢的东西（如衣服、鞋子、包、首饰、化妆品、日用品、家具、游戏卡带等，不管什么都可以） | |
| 休息日如何度过 | |
| 其他 | |

回答示例

| 居住地区 | 镰仓市[1] |
|---|---|
| 房屋 | 独门独院，能看见大海 |
| 三餐情况 | 一周当中，一半时间自己煮自家种的蔬菜吃，另一半时间去餐厅吃 |
| 兴趣爱好 | 在海边骑自行车 |
| 家庭构成 | 丈夫和两个女儿 |
| 人际交往 | 和朋友直美他们夫妻二人交往 |
| 宠物 | 一只狗 |
| 光是看着就喜欢的东西（如衣服、鞋子、包、首饰、化妆品、日用品、家具、游戏卡带等，不管什么都可以） | 每个季度去一次自己喜欢的店里买衣服<br>凑一套自己喜欢的品牌的漂亮餐具来享用咖啡<br>每周买一次自己喜欢的漫画来读 |
| 休息日如何度过 | 每两周去一次美容院或疗养院放松身心<br>其他周末，就在海边悠闲地享受读书时光，或是外出骑自行车 |
| 其他 | 好好工作，工作中更重视成就感 |

1 镰仓市位于日本神奈川县，临近东京，且拥有丰富的自然和人文景观，因而适宜居住。

## 1 - 3

# 你想拥有什么样的形象？

请回答以下 4 个问题。

| 要点 | 建议你尽可能地回答所有问题，当然，如果实在回答不出来也没有必要强迫自己写点儿什么。重要的是，通过对下列问题的回答，来倾听自己内心的声音。 |
| --- | --- |

1 崇拜或尊敬的人
你崇拜或尊敬的人是谁？这个人的哪些方面让你由衷崇拜或尊敬？

※ 如果你想到不止一个人，请写出他们各自让你感到尊敬的地方，并尽可能地写出他们之间的共通点。

2 喜爱的人物角色
迄今为止，在你看过的电影、漫画、电视剧，或玩过的游戏中，你最喜欢的人物角色是谁？你喜欢这个角色的什么地方？（例如外表、性格，喜欢的场景、台词等。）

※ 如果你想到了多个角色，请写出他们各自让你喜欢的地方，并尽可能地写出他们之间的共通点。

3 过去
如果你有一个孩子，或者现在的你遇到了儿时的自己，你希望把这个孩子培养成怎样一个大人呢？

4 未来
当你走到人生尽头之时，你希望来参加葬礼的那些你所珍视的人形容你是怎样一个人呢？

1 崇拜或尊敬的人

· 母亲 → 一直笑容满面，只是和她聊聊天就感觉精神得到了恢复。
· 网球社团的前辈田中先生 → 一直很关照我，我的技术提升得很慢，他总是很有耐心地陪我一起练习。
· 上司铃木先生 → 严肃的会议过后，会主动过来跟我打趣聊天；能够激发部下（我们）的工作积极性。

这三位尽管类型不同，但他们有一个共通点，即光是跟他们见个面就能使自己打起精神来，这一点也是我崇拜他们的地方。

② 喜爱的人物角色

《航海王》里的路飞[1] → 不管遇到什么危机都极度乐观，能帮助同伴振奋精神。

③ 过去

希望能成长为一个不管什么时候都能露出明朗笑容的人，希望能像太阳一样让他人充满活力。

④ 未来

希望他们认为我是一个“只要跟他聊聊天就能变得精神”的人。

那么，你此刻感觉如何呢？

通过这一部分的练习，你已经发现了自己投射到他人、过去和未来上的“想拥有的形象”。

接下来，我们终于可以对理想未来进行总结练习了。

1 《航海王》是由日本漫画家尾田荣一郎创作的国民级漫画作品。其主人公蒙奇·D. 路飞凭借着积极乐观的性格特征深受读者喜爱。

# 1 - 4

## 理想未来排序

请将你在 1–2、1–3 中的回答按照“希望实现的程度”进行排序。

| 要点 | 请将构成你理想未来的“想获得的东西”和“想拥有的形象”按照“希望实现的程度”一一列出来吧! |
| --- | --- |

| 理想未来排序 | |
| --- | --- |
| 第 1 位 | |
| 第 2 位 | |
| 第 3 位 | |
| 第 4 位 | |
| 第 5 位 | |

| 理想未来排序 | |
|---|---|
| **第1位** | 想成为和别人聊聊天就能让他们打起精神的人 |
| **第2位** | 想住进能看见海的、独门独院的房子里 |
| **第3位** | 想要两个孩子 |
| **第4位** | 想过上每个月都能悠闲地去美容院的生活 |
| **第5位** | 想成为一个能激发别人动力的优秀上司 |

再次强调，填写表格时并不需要把每个空格都填满。

哪怕只有寥寥数语，只要能够形成文字就足够了。

另外，也并非一定要明确“想获得的东西”和“想拥有的形象”。

**不管你做出怎样的回答，那都是当下的你所描绘的自己真正想拥有的理想未来。**

这样一来，这些理想未来全部实现的状态就是你的“最终目的地”了。

从明天起，我们就要以这个最终目的地为目标，开始描绘地图、搜集相应的武器与道具，并制订如何抵达终点的策略了。

在练习 1-4 中已经明确的理想未来排序，不管从哪一条开始实现都是 OK 的。不过这里我们还是首先选择“理想未来 第 1 位”，以实现它为目标来依次填充地图。

那么，请现在翻到第 12 页，把你的“理想未来 第 1 位”填到地图左上角的空行里吧。

你听我说！我也找到自己的理想未来了！

老姐，你挺兴奋的嘛（笑）。不过我能理解，因为我也发现了很多东西！话说老姐你的理想未来是什么样的？

我找到的答案是，成为一个“通过交谈来帮助对方打起精神”的人。虽然有点儿意外，但是我这个人特别喜欢那种和别人聊天时对方喜笑颜开的瞬间。回想起来，我尊敬的人也全都是这种类型的！

哦哦，是这样啊。确实，我记得以前老姐经常和老妈在吃晚饭的时候聊天，聊得可欢了呢。

这我倒忘了。不过可能的确是这样的。这样想的话我也明白了为什么现在做文员的工作让我感到很憋屈。一定是因为我心里其实很清楚，自己并没有朝着理想未来前进……

确实啊，坐在办公桌前一整天都对着电脑，哪有什么时间“通过交谈来帮助对方打起精神”呢？一定就是这么回事啦！

光是理解了这一点，我就觉得心里轻松了很多。说起来，你怎么样呢？

我呢，对“想拥有什么形象”没什么特别的想法。不过，“想获得的东西”却有一大堆（笑）。

哦？你是怎么回答的？让我看看，让我看看！

我想过的是能自由地去海外旅行的生活。比方说世界遗产啦，广阔的自然景观啦，我都想亲眼见识一下。我这种想看一看从没见过的有趣的东西的想法还挺强烈的。相反，对房子啦，物质啦之类的东西，我倒没什么兴趣。

欸，我一点儿都不知道你居然是这么想的。不过挺好，我觉得挺棒的。

做练习的时候，我感觉自己很久没有这么激动过了！我打算把发掘自己“想拥有的形象”这个过程留到后面体验，先从努力追求自己“想获得的东西”开始做起。

是啊。光是这样，我就已经感觉动力满满了。啊，真没想到，知道了自己的理想未来是这么有趣的一件事情！

# 恭喜!!!

## 第 1 天成功过关!

- “理想职业”是指“能够助你实现理想人生的工作”。
- 理想未来 = 想获得的东西 + 想拥有的形象。
- 一旦设定好自己所追求的目的地，就能获得坚持下去的动力。
- 从自己的价值观排序中，能够发现“想获得的东西”和“想拥有的形象”。
- 通过“想获得的东西”和“想拥有的形象”，你会明白自己的理想未来是什么样的。

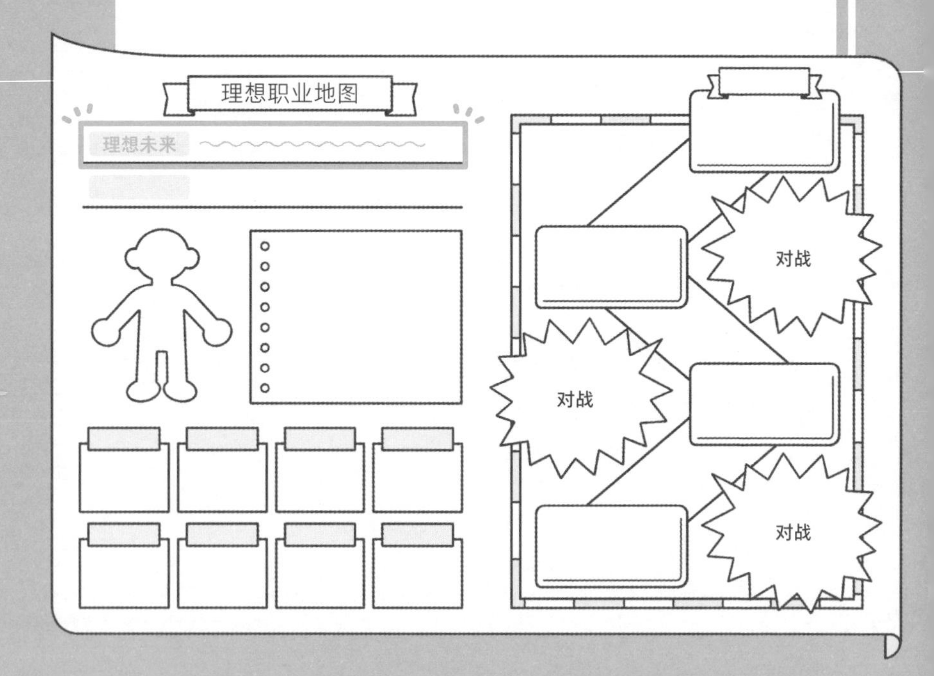

# 第 2 天

## 选择关卡（想做的事情）

DAY 2

在昨天的练习里，我们已经找到了理想未来……但具体来说应该做些什么呢？

欸，我不知道呀。你不是想过在海外旅游的生活吗？那就直接出国？

别说傻话啦！最现实的问题就是，我根本没那么多钱呀，为了攒够这笔钱，我肯定要找份工作才行。但就算要找工作，我也不知道自己想做什么事情，这可怎么办……

是啊。我也是，虽说想成为一个“通过交谈来帮助对方打起精神”的人，但现实是自己还是文员……打算换工作，却不知道换什么工作才好，更不知道自己能不能适应和文员岗位完全不同的工作……

就算知道了自己的理想未来，但要实现它，不知道还要花多少年时间呢……

是啊，我看社交媒体上很多朋友已经换了工作，开始做自己想做的事情了，这让我有点儿失落。为什么她们就能活出自我呢？

我懂你的心情。明知不能维持现状，但是又找不到能让自己发自内心地投入其中的想做的事情，所以感觉很焦虑……

呵呵。两位烦恼得挺顺利嘛。

啊?！你……你总是这么突然出现，吓死人啦！

什么叫“烦恼得挺顺利”？你太过分了。我们可是真的在烦恼啊。

哎呀，真抱歉。不过没关系，你们的烦恼正好能通过接下来这个关于实现理想未来的具体方法来解决。也就是说，你们能从中找到你们想做的事情。

你说什么?！既然有方法那你就早点儿说嘛！老姐，咱们赶紧出发去找自己想做的事情吧！

哎，等会儿！你别跑那么快！

DAY 2

## 选择游戏的关卡

第 2 天

游戏的关卡，就是指为了迎来理想的结局所要挑战的想做的事情。关卡的数量不限。你既可以选择享受简单关卡的乐趣，也可以在高难度关卡中努力闯关。接下来，请在你所选择的关卡中自由地开始游戏吧。

MISSION

## “想做的事情”没你想得那么复杂

如今，人们在很年轻的时候便开始在职深造，跳槽、发展副业等现象也屡见不鲜，人们在职业生涯方面的选择可以说是越来越多样化了，这也使得越来越多的人希望找到自己真正想做的事情。

参加了这个游戏的你或许也是其中一员。

然而，当一个人真的开始寻找自己想做的事情时，就会发现很难找到……很多人应该都有过这样的经验。

之所以会出现这种情况，是因为**大多数人对“想做的事情”的定义是非常含糊的**。

比方说，一般而言，谈起想做的事情，我们大多会有这样的印象：

· 自己喜欢，并且能长时间持续下去的事情。

· 在社会层面得到普遍认同的事情。

· 自己热衷去做且能获得报酬的事情。

这么看来，想做的事情的门槛未免也太高了。对于那些持有这种想法的人来说，如果不是什么格外了不起的事情，恐怕他是很难将

“这正是我想做的事情”说出口的。

可如果我们真的以此为标准，那么不仅仅是想做的事情的门槛会变得高不可攀，如此之高的要求也会令想要找到它的人将人生最为宝贵的时间浪费在“寻找想做的事情”这件事上。

而把自己这一生原本应该用于做想做的事情的时间花在“寻找想做的事情”上，完全是一种本末倒置。

因此，从现在起，希望你能以一种更加轻松的心态看待“想做的事情”。

如此一来，你的脑海中想必会立刻浮现出许多想做的事情，从而省去寻找它们的时间，而这自然也会令你人生中“享受自己想做的事情的时间”变得更长。

## “想做的事情”仅仅是一种手段

本书对“想做的事情”的定义如下：

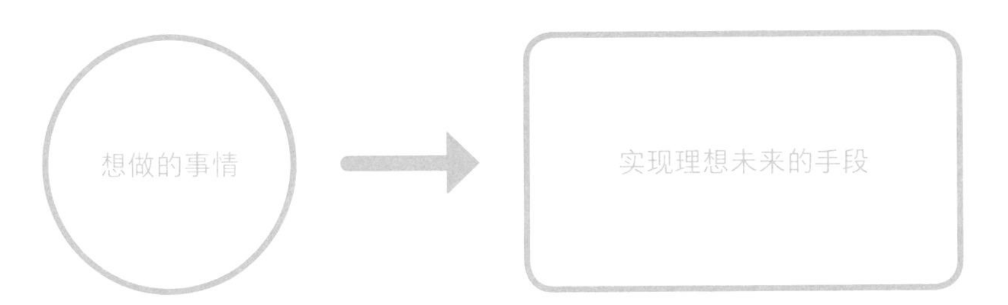


在游戏的第 1 天，你已经发现了自己的理想未来，而**能够帮助你实现理想未来的事情，正是你想做的事情。**

当然，“能否获得金钱方面的报酬”“能否坚持做一辈子”“是否有社会层面的价值”等，都不是你想做的事情的必要标准。

**只要某件事情能助你通往自己的理想未来，不管具体是什么，它都是你真正想做的事情。**

如果你能这样想，那么就会有许多想做的事情不可思议地在你的脑海中清晰地浮现出来。

比方说，假设你在第 1 天的练习中明确了“理想未来 第 1 位”是“在有着很大院子的房子里生活”。于是，为了实现它，你就会考虑“筹措到足够购买一所带庭院的房子的钱”。

那么，具体有哪些手段呢？你进一步思考得出：

· 通过节约增加储蓄。
· 通过升职增加年薪。
· 通过跳槽增加收入。
· 发展副业，赚取额外收入。
· 通过理财增加资产。

显然，不管以上哪一种手段，都能帮助你接近自己的理想未来。因此，**这些全部可以称得上是你想做的事情**。

节约、升职、跳槽、发展副业、理财……假设无论你尝试做其中的哪一件事，都能切实地帮助你接近理想未来，你会有什么感觉呢？是不是光是思考“从哪一个开始做起”就已经让你兴奋不已了呢？

让我们也来分析一下其他例子。

比方说，假设一个人的理想未来是“成为一个总是自信满满的人”，那么他可能就会想到以下这些手段：

· 换一个允许员工每天都可以穿自己喜欢的衣服的工作。
· 找一份能发挥自己出色的英语能力的工作。
· 晋升到能对后辈进行指导的职位。
· 为适应自己不擅长的领域，特意调动到销售岗。

诸如此类的手段。所有这些手段共同构成了你“想做的事情清单”。

**无论你尝试去做其中的哪一项，它都会将你引向自己的理想未来，因此你大可以挑自己喜欢的，自由且不断地进行挑战。**

这就好比为了达到最终理想的游戏结局，你先是从各种各样的游戏关卡中选择了一个自己喜欢的；而当这些关卡被一个一个地攻克之后，你也将迎来理想的游戏结局。

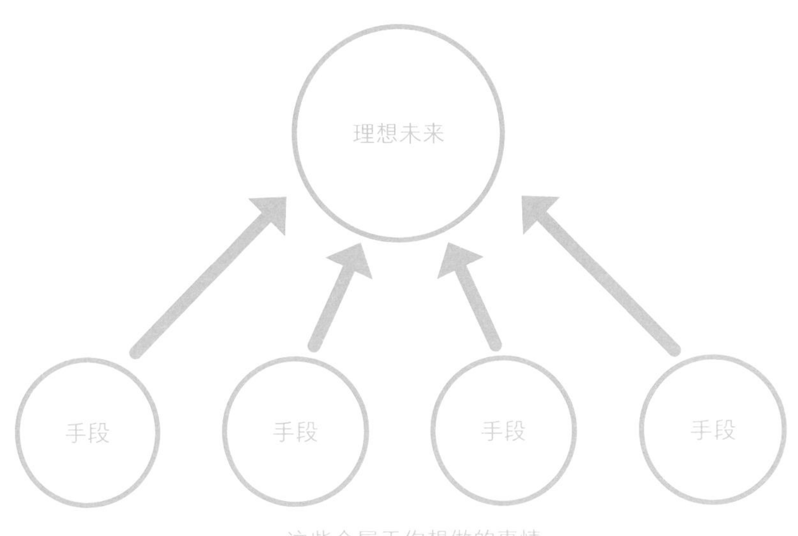


→这些全属于你想做的事情

至此，你是不是觉得想做的事情不那么难找，而是逐渐变得触手可及了呢?

让我们再来回顾一下本节的重点：

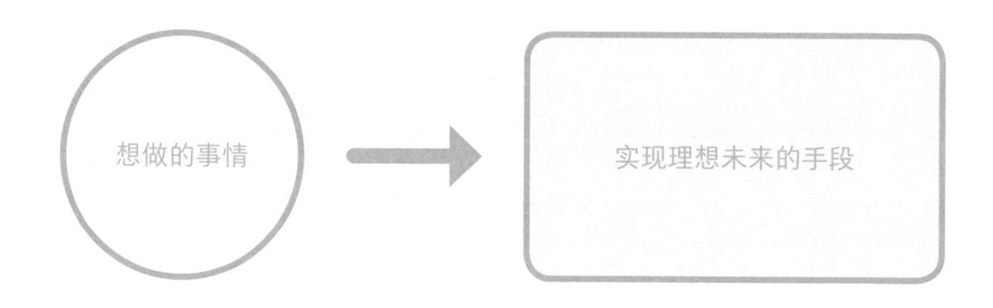


为避免今后再度陷入“寻找想做的事情”的泥淖而白白浪费时间，请一定要将它牢牢记在心里。

## 从“理想未来”逆向推导出“想做的事情”

那么，具体说来，我们应该怎样找到自己想做的事情呢？

答案是**“逆向推导”**。通过对“理想未来”的反向追溯，来确定当下自己“想做的事情”。

具体而言，可以按照以下 4 个步骤进行思考。

① 确定“理想未来”，以及实现它的具体“时间”。

② 在①所确定的“时间”到来之前，调查并写出“必须准备好的东西”（指那些如果不准备好的话，就无法实现“理想未来”的最低限度的东西）。

③ 为了将②中列出的东西准备齐全，决定要在当下的工作中做出怎样的“改变”。

④ 为了实现③中的“改变”，选择自己的“行动”←这就是你“想做的事情”！

打个比方，你可以按照如下顺序进行思考：

① 理想未来：5 年后，帮助女儿前往美国留学

↓

② 5 年以内必须准备好的东西：200 万日元的留学费用

↓

③ 在当下工作中必须做出的改变：每月收入须增加 3.3 万日元

↓

④ 为实现这一改变须采取的行动（从以下 7 个选项中进行选择）：

- “在目前的工作中获得更好的评价”→不予考虑（不会增加月收入）。
- “在目前的工作中获得晋升”→保留（收入提升不会超过 3 万日元）。
- “在目前的公司中调到其他部门”→不予考虑（不会增加月收入）。
- “跳槽”→可以考虑（月收入有可能增加 1 万到 3 万日元）。
- “发展副业”→可以考虑（月收入有可能增加 1 万到 3 万日元）。
- “创业”→保留（考虑到家庭开支，本职工作没办法立刻辞掉）。
- “其他：在公司内部获得表彰拿到奖励”→保留（一次性的 5 万日元远远不够）。

由于在这 7 种行动中“跳槽”和“发展副业”都是值得一试的，我们可以先把这二者之一设为自己“想做的事情”。

当然，在这 7 种行动之外，我们还有其他选项。

因为追求的是收入的提升，所以我们既可以考虑“投资”，也可以通过“节约”来增加储蓄。

另外，“行动”也并非只能选择一个，比如我们可以“在争取获得晋升的同时发展副业”“在进行投资的同时准备跳槽”等，通过两手准备帮助自己实现理想未来当然也是 OK 的。

总之，像这样从“理想未来”逆向推导，并对自己的想法加以整理，那些能助你实现理想未来的“想做的事情”就会自然而然地浮现在你的眼前。

## 寻找想做的事情的 3 条铁则

在开始进行“寻找想做的事情”的练习之前，我必须告诉你 3 条铁则。

**铁则①：想做的事情不分大小！**

**铁则②：想做的事情可以中途更改！**

**铁则③：想做的事情不限数量！**

这些铁则可能与各位印象中的“想做的事情”不完全一致。

不过，如果你把它们铭记在心，就会明白为什么当自己寻找想做的事情时，总觉得难度很高。它们也能帮你打消内心的迷惘，助你更顺畅地进行后面的练习。

那么，接下来，让我们一条一条地详细说明吧。

## 铁则① 想做的事情不分大小!

前面我们已经稍微谈及了相关话题，即一般来说，“想做的事情”更倾向于被人们视作“天职”或“使命”，给人一种“毕生事业”的印象。

总之多少让人觉得有些沉重。

可是，如果我们过度地被这种印象束缚，陷入一种“不找到自己的天职就不采取任何行动”的状态，不仅我们目前的生活不会发生任何改变，还会任凭时间白白从指缝中溜走。这样未免也太可惜了。

因此，我们应该以一种更为轻松的态度去看待此事，告诉自己想做的事情是不分大小的。

不管多么琐碎的事情，只要能让你感觉距离理想未来又近了一点儿，那它就足以成为你想做的事情。就算不值得向他人夸耀，又有何妨呢?

→想做的事情无论大小都很重要

举例来说，对“住进北欧风格的房子里”这一理想未来而言，“跳槽至收入更高的公司”这类想做的事情固然重要，“在百元店买一些北欧风格的小饰品”“试着打一天零工”**这类很细小、很琐碎的想做的事情同样值得重视**。

无论一件事情多么微不足道，积少成多，都能将你引向理想未来。它的存在，只会把你推得离理想未来更近，而绝不会让你离理想未来越来越远。

这样一想，你是不是觉得自己根本没有时间去迷惘，而是必须立刻采取行动呢？

所以，千万不要认为只有重大的事情才值得去做，琐碎的事情无关紧要。**只要这件事情能让你感觉“未来会更好”，那就不要迟疑，勇敢尝试吧！**

## 铁则② 想做的事情可以中途更改！

想做的事情即使中途更改也没有关系。甚至我们应该这样认为，想做的事情会发生改变才是正常的。

为什么这么说呢？那是因为，当下的你所描绘的理想未来，今后必然会因为一些原因而发生变化。

证据就是，那些写在小学毕业文集中的“我的梦想”鲜有人能够保持至今。恐怕绝大多数人早已改变了当初的梦想，甚至其中许多人可能连这个梦想是什么都不记得了吧？

随着自身的经历和力所能及的事情的增多，以及周边环境乃至时代的变迁，我们的价值观会不断发生变化。

如此一来，我们对理想未来的描绘自然也会随之发生变化。因此我们说，想做的事情会发生改变是理所当然的。

诚然，世间对“频繁更改自己想做的事情”更多的是持消极态度。

比方说，很多人会表示质疑：“难道你不担心周围人说你没有恒心吗？”“在确定好‘毕生的事业’之前就贸然行动，难道不是一种时间的浪费吗？”

可是，仔细想想就会发现，**相比“被周围人视作一个有恒心的人”或“哪怕 1 秒钟也绝不浪费”，“实现理想未来”才是至关重要的。**

同样地，相比“在找到毕生事业之前什么都不做”，“不断地进行各种尝试”——不论结果如何——至少能增长见识，进而推动我们朝着“理想未来的实现”更近一步。

## 铁则③　想做的事情不限数量!

最后一点，想做的事情不管有多少件都没问题。

相反，**如果我们理所当然地认为想做的事情只能有一件，那么不管遇到什么事情，我们都会习惯性地反复问自己“这是不是我真正想要做的那件事”，从而使“寻找想做的事情”变得难上加难。**

正如前面我们说过的：

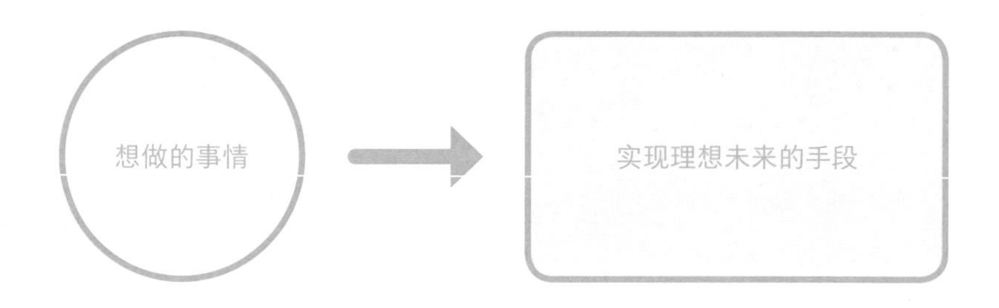


因此，手段当然是越多越好。

反过来想，其实是很恐怖的。假设手段只能有一种，那岂不是只要唯一的手段行不通，理想未来就无法实现？

当然了，兴趣过于多样化，这件事也想做，那件事也想做，也很容易导致什么事情都做不好，最后都以半途而废告终，有些人正是对此非常担心。可话说回来，这不过是一个“谁先谁后”的问题。

只要明确了“谁先谁后”——先把一件事情做到极致，结束之后再着手去做下一件事——就能避免陷入“什么都想做却又什么都做不好”的境地。

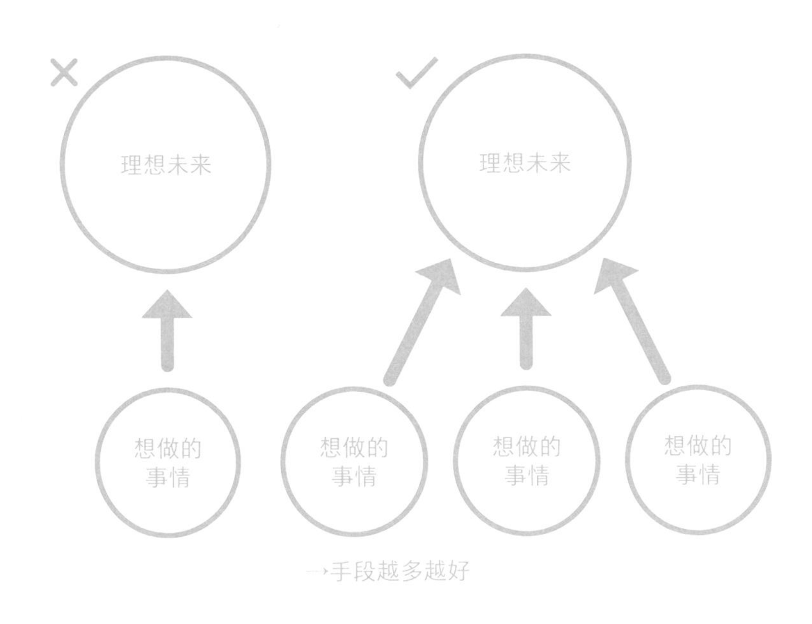


在之后的练习中，请尽可能多地写出有助于实现理想未来的手段，并确定它们的优先顺序，从而选择当下自己想做的事情。

如果投身于一件事情后迟迟没能取得理想的结果，那么转而去做下一件想做的事情也是可以的。

总之，请你一定要趁此机会彻底摒弃“想做的事情只能有一件”的臆断，防止它成为你实现理想未来道路上的绊脚石。

## “绞尽脑汁也想不出来！”
## 怎么办？有诀窍！

迄今为止我们反复强调了，想做的事情是实现理想未来的手段，并且也明确表达了想做的事情是可以不限数量的。

可是，就算我们意识到应该尽可能多地发现自己想做的事情，有时也会陷入“根本没有选项可供选择”的苦恼当中。

举例来说，某人的理想未来是“让全家每年都能去夏威夷旅行”，他认为“为了筹措去夏威夷的旅费，必须提高年收入”。为此，当他思考自己想做的事情时，他意识到必须自主创业，于是便开始了行动……像这样从一开始就将选择限定在某个特定选项上的例子并不少见。

这当然是一种正确的选择。

然而，如果此时我们能够**对选项本身发出质疑**，那么可供选择的选项就会多起来。

回到先前的例子，我们不妨这样思考：

“为了筹措去夏威夷的旅费，是不是只有提高年收入这一个选项？”

“为了提高年收入，是不是只能去自主创业？”

这样一来，或许就会有其他选项出现，比如：

“我可不可以跳槽到在夏威夷有分公司的企业，或是在夏威夷进行员工培训的企业？”

“我可不可以试着结识住在夏威夷的朋友，从而在旅行期间通过寄宿在对方家中的方式来减少住宿的费用？”

同样地，说到“提高年收入”，除“自主创业”外，还可以“跳槽”或“发展副业”；哪怕继续留在当前公司，也可以通过“调岗”或“晋升”来提高收入。选项其实是有很多的。

最重要的是，不要过分在意选项本身“是否切合实际”，而是要有选择性地从多个选项中自主挑选出“最想实施的那一个”。

这是因为，**可供选择的选项越多，我们越容易从中找到适合自己的想做的事情**。

这么做的好处还在于，由于我们的选择经过了慎重的筛选与考虑，所以在着手去做想做的事情时，我们不会受到其他选项的干扰而心生怀疑：“我这么做是不是合适？”“有没有更好的方法？”

这里再介绍 3 个能促使思维更加灵活的小游戏。我想有了它们的帮助，在完成接下来的练习时，你一定能发现更多的选项。

### ① 时间挑战小游戏

这个小游戏的要求是，提前准备好纸和笔以及可以设定时间的定时器，并在练习开始前设置一个限定时间，比如“1

分钟”，然后规定自己“在限定时间内一直写，不能停下来”。

限定时间的长短可以随意设置，如果习惯了的话，时长增加到“3 分钟”“5 分钟”都是可以的。

引入这个游戏的好处是，通过强迫自己的手不断地去写来推动大脑思考，这样就能得到比平时更多的答案。

### ② 指定数量小游戏

这个小游戏的要求是，对练习中提出的问题，强制性地规定自己要做出一定数量的回答，比如“一定要写满 5 个”等。

答案的数量可以随意设置，比如一开始是“3 个”，习惯了之后可以增加到“7 个”。当然，不管是增加还是减少都是可以的。

推荐的做法是，根据规定好的数量画出长方形空格，然后再把答案填入这些空格当中。

这样一来，你就会自然而然地涌出一种想要“填满空格”的想法，从而使思考变得更加活跃，得到更多的答案。

### ③ 借水行舟小游戏

当你感觉只凭自己一个人再也想不出其他选项了的时候，完全可以询问他人，“借水行舟”也不失为一种办法。

具体来说，你可以向他人提问：“关于‘理想未来’，我得出的答案就是这些。如果是你的话，还能想到些其他什么吗?”如此一来，你往往会获得自己想象不到的答案。

这里的“他人”可以是“其他部门的人”“公司之外的人”，这些和自己有着不同身份角色的人是更好的选择。试着积极听取他们的意见吧。

以上这些尽管只是几个小诀窍，但如果能让你得到比平时更多的答案，哪怕只多上一个，你也算是赚到了。在接下来的练习中，记得活用这些诀窍，继续以体验游戏的心态尽情享受吧。

## 抛开了偏执的想法之后，我终于找到了想做的事情！

我特别喜欢时装，尽管工资不多，但从中挤出一部分买衣服对我来说也是一种乐趣。我在心底暗暗描绘的理想未来就是，过上一种“不用看价格标签，每个季度都可以尽情买自己喜欢的衣服的生活”。

可是，有一年我碰上了这样一件事情。当时我就职的公司因为业绩下滑而取消了所有的奖金，这使得我不得不含泪强忍住买衣服的欲望。之后工资也迟迟不见上涨，叫人心情烦闷。不管我对网店里那些漂亮的衣服怎样垂涎欲滴，打开空空如也的钱包也只能干瞪眼，这让我每天都是一副垂头丧气的模样，毕竟“再怎么想要也只能忍耐啊……”。

那时我想的是，要想增加工资收入，唯一的办法就是换一份工作，于是便开始了求职。但是我生活的地方招人的岗位很少，我很难找到自己想做的工作，3 个月间反复查看招聘网站却一无所获。我仍然无法买自己喜欢的衣服，而这种现状又迟迟不能改变，这令我开始变得焦躁起来。

就在这时，我接触到了这款游戏，并通过完成游戏中的练习仔细思考了一番实现自己理想未来的方法。借此我也意识到了，自己此前所认为的“只有换工作，才能提高年收入，尽情买自己喜欢的衣服”只是一种偏执的想法。

于是，我对“提高年收入的手段”进行了多方面的思考，并从中找到了“挑战发展副业，增加收入来源”这一全新的选项。我从没有尝试过副业，所以对自己这种前所未有的想法感到惊讶，但我认为这也是一个巨大的转机，因为它让我意识到“通往理想未来的道路并不只有一条”。

之后，我开始在网上查询自己感兴趣的副业，然后成功找到并开始从事一项与时装有关的副业。由此我也感到，如果明确了有助于实现理想未来的想做的事情，然后沉浸其中，那么每天都会过得非常快乐。

她之所以能够投身到想做的事情当中去，是因为她发散了自己的思维，意识到了实现理想未来的手段并非只有一个，而是可以有很多个。

因此，我们应该把“过去有没有做过这件事”之类的想法搁置一旁，先思考实现理想未来有哪些手段，并充分理解以开阔的视野提出多种方案的重要性。

2-1

# 明确自己想做的事情

1 在游戏的第 1 天中，你所得出的“理想未来 第 1 位”是什么？你希望在什么时间实现它？

2 为实现 1 中的理想未来，你需要做出哪些必要的改变？请试着在下表中进行选择。

※ 若你想到的答案不止一个，选择多个选项也是可以的。

| | |
|---|---|
| A | 改变工作内容（如职业领域、职业种类、业务内容等） |
| B | 改变工作岗位 / 职责 |
| C | 提高薪资 / 收入 |
| D | 改变工作方式（如场所、劳动时长、工作时间、假期等） |
| E | 改善或者重塑人际关系 |

③ 针对在 ❷ 中挑选的改变事项，你认为选择下表中的“7 种行动”的哪一种能帮助你实现改变呢？请在表格中对应的位置画“○”“△”“×”吧。（“○”代表优先度较高，“△”代表优先度中等，“×”代表优先度较低。）

| | 7 种行动 | | | | | | |
|---|---|---|---|---|---|---|---|
| | 提升认可度 | 升职 | 调岗 | 跳槽 | 发展副业 | 创业 | 其他 |
| A. 工作内容 | | | | | | | |
| B. 工作岗位 / 职责 | | | | | | | |
| C. 薪资 / 收入 | | | | | | | |
| D. 工作方式 | | | | | | | |
| E. 人际关系 | | | | | | | |

④ 在 ❸ 的表格中，画有最多“○”的行动是什么？把这种行动设置为你现在想做的事情吧，这就是你的“游戏关卡”！

※ 如果不止一个，你可以对它们进行排序，把自己喜欢的那一项设置为想做的事情。

① 在游戏的第1天中，你所得出的“理想未来 第1位”是什么？你希望在什么时间实现它？

· 理想未来：成为一位能够临危不乱并值得他人依靠的女性。
· 实现时间：希望能在3年内，也就是自己30岁之前实现。

② 为实现❶中的理想未来，你需要做出哪些必要的改变？请试着在下表中进行选择。

A 改变工作内容（如职业领域、职业种类、业务内容等）→去培训类的部门或公司应该比较有利。
B 改变工作岗位／职责→从事培训类的工作应该比较有利。

③ 针对在❷中挑选的改变事项，你认为选择下表中的“7种行动”的哪一种能帮助你实现改变呢？请在表格中对应的位置画“○”“△”“×”吧。（“○”代表优先度较高，“△”代表优先度中等，“×”代表优先度较低。）

| | 7种行动 | | | | | | |
|---|---|---|---|---|---|---|---|
| | 提升认可度 | 升职 | 调岗 | 跳槽 | 发展副业 | 创业 | 其他 |
| A. 工作内容 | △ | ○ | ○ | ○ | ○ | × | × |
| B. 工作岗位／职责 | ○ | ○ | △ | △ | △ | × | × |
| C. 薪资／收入 | | | | | | | |
| D. 工作方式 | | | | | | | |
| E. 人际关系 | | | | | | | |

④ 在 ❸ 的表格中，画有最多“○”的行动是什么？把这种行动设置为你现在想做的事情吧，这就是你的“游戏关卡”！

“○”最多的行动：升职这一项的“○”是最多的，所以我接下来要把游戏推进到“升职”关卡。

就此，你终于确定了自己想做的事情。

哪怕现阶段你并没有 100% 确信，只要你认为这件事与实现理想未来有关，那它就有十足的尝试价值。

这不仅是因为它很有可能就是通往你当下所向往的理想未来的必由之路，而且就算尝试失败，你也至少能明白“原来这条路是走不通的”。

那么，请你把这件想做的事情填到“理想职业地图”左上角的第二行吧。

今天的练习到此结束，辛苦了！别忘了给努力完成练习的自己一点儿奖励哦。

从明天开始，为了提高你想做的事情的成功率，我们将通过一系列练习来帮助你寻找自己的强项。

老姐，这游戏太棒了！

又变得这么兴奋呀。这么说，通过练习你发现了什么？找到你想做的事情了吗？

没错。为了过上“环游海外的生活”，我发现自己果然应该挑战“求职”这道关卡。还有就是……之前我一直搞不清楚选择公司的标准，不过这回我终于明白了！

哦？说说看。

首先，从现在起，我需要学习外语，了解与海外相关的信息，所以在“工作内容”方面选择与海外有关的行业是必要条件。并且，如果我打算 3 年后过上“环游海外的生活”，“收入”方面也必须有一定的保障。总之，对我来说，以这两点为基准来挑选公司就可以了！

可是，既有海外业务，收入又高，这样的公司门槛肯定也很高吧？

就算进不了这样的公司，我也可以去那些只满足“工作内容”这一条件的公司，然后用“发展副业”来弥补收入的不足呀！

确实啊，只要明确了理想未来和实现它的必要条件，行动起来后方法多的是呢！

就是这个道理！怎么说呢，我有一种原本朦朦胧胧的视野一下子被理清的感觉。

的确是这样的。我也是，原来我觉得为了实现“成为能通过交谈帮助对方打起精神的人”这样一个理想未来，我不能再继续做现在的文员工作了，必须改变“工作内容”，非换一份工作不可……但现在看来，尝试一下“副业”也是可以的。

还有，如果改变“职责”，在公司里负责一些人员统筹方面的工作，也能增加与别人交谈的机会……所以，说不定为了“升职”努力一把也是不错的选择。

没想到会从老姐嘴里冒出“升职”这个词，震惊了（笑）。

我有那么没出息吗?！不过话说回来，这可能是我进公司以来第一次对手头的工作这么有干劲。不知怎么的，我现在觉得特别开心！

我懂你。真没想到，找到自己想做的事情原来这么简单。像现在这样，根据理想未来逆推得出的的的确确是我想做的事情。这么想来，感觉今后我每天都会过得很开心！

# 恭喜!!!

## 第 2 天成功过关!

- “想做的事情”是“实现理想未来的手段”。
- 从决定好期限的“理想未来”开始逆向思考，由此推导出“想做的事情”。
- 想做的事情不分大小！没有必要只追求那些宏伟的事业。
- 想做的事情可以中途更改！甚至可以说改变才是正常的。
- 想做的事情不限数量！越多越好。

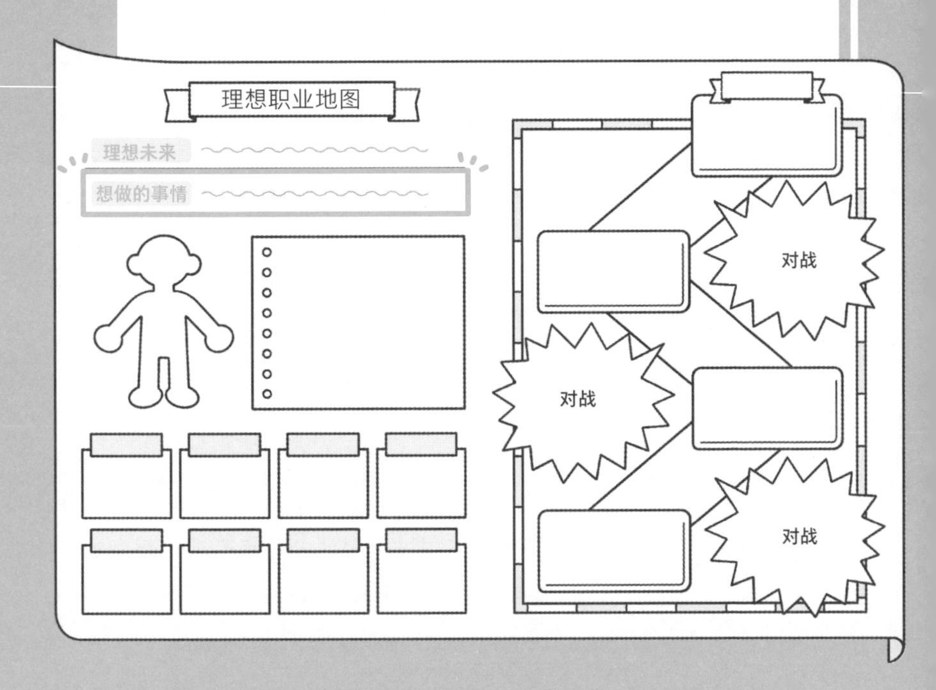

# 第 3 天

## 发现你的基本特质（先天强项）

# DAY 3

怎么了，又是一脸阴沉。你昨天明明那么开心。

过了一晚，我又开始担心起来了。明确了理想未来，也发现了很多自己想做的事情，这些都挺让我激动的，可是……

激动的同时又有些担心？

嗯。虽然换工作、发展副业、升职什么的聊了不少……可是转念一想，**只有文员工作经验的我真的能做到这些吗**？

照你这么说，我也一样，单靠自己赚足几年后出国的钱，我也没那个自信啊……

就是这样，我没有自信。毕竟，**迄今为止，自己并没取得过什么了不起的成果**。

我挺能理解这种心情的。与其做些惊天动地的事情然后失败，**不如普普通通地活着，这样更轻松**。刻意去努力，这难度太高了。

哈哈，你们两位今天也在烦恼呀。

哇！又挑这种绝妙的时机，你每次都是从哪儿冒出来的呀?!

哈哈，其实我一直都在。我看你们呀，是觉得自己“不努力不行”“不挑战不行”，一个劲儿地在逞强，所以才感到害怕的。

可是，我既没换过工作也没做过副业，感到害怕是肯定的啊。

哎呀，看样子，你们还不知道做事顺利又不费力的秘诀。

还有这种秘诀吗?

哈哈，那当然。

做事顺利还不费力?！这秘诀我可太想知道了!

其实答案已经在你们心中了。只要知道了自己的强项，就什么事都能解决了。

问题就在于我们不知道自己的强项是什么呀……

玩过今天的游戏你们就会知道答案了。那么，好好享受吧!

DAY 3

# 了解主人公角色的基本特质

第 3 天

所谓基本特质，是指你拥有的与生俱来的“先天特征”，换言之就是那些令你“之所以是你”的部分。首先，请在了解作为人生主人公的“你”的自身魅力的基础上进行游戏吧。

MISSION

## 迈向通往理想职业的最短道路

我们已经提过很多次了，本书所定义的“理想职业”是指“能够助你实现理想人生的工作”。

通过第 1 天、第 2 天的练习，我们得知：

· 当下的你所描绘的理想未来是什么样的。

· 为实现它你应该进行怎样的职业选择。

为此，你应该已经有了备选的理想职业。我想很多人会把这个当作答案，就此满怀激动地着手迎接自己的理想人生。

可与此同时，我们也能听到这样的声音：

虽然有了自己梦寐以求的理想未来，
可我却开始忧虑“自己能不能做到”“失败了该怎么办”，
第一步都迈不出去……

虽然我曾经换过工作、做过副业，
尝试着向理想未来迈出过一步，
可始终没能取得理想的成果，因而感到受挫。

到头来，还是觉得
“能走上称心如意的人生道路的终究只有一小部分人”，
于是我干脆放弃了对理想人生的设想。

诸如此类，尽管描绘了自己的理想人生，但对前往理想未来的行动踌躇不已，止步不前，那结果会是怎样呢？

不难想象，我们这样不仅无法找到自己的理想职业，最终也只能远远望着理想未来，抱憾收场。

因此，在游戏的第3天，我们要介绍的是**破除阻碍行动的壁垒，进而坚定地迈向自己的理想职业的方法**。

## 让自己能够向着理想未来行动起来的秘诀

从结论上来说，提升行动力、使行动坚持下去的秘诀在于，了解你自身的强项并灵活运用。

一旦知道了自己的强项是什么，以及如何运用这种强项，就能彻底消除诸如“无法行动起来”“难以坚持到底”等烦恼。

为什么说知道了强项是什么就能让自己行动起来呢？让我们从“无法行动起来”的原因和“行动无法坚持下去”的原因这两方面来详细地分析吧。

### “无法行动起来”= 失败后不知道该怎么办

说起来，当我们采取与以往不同的行动时，一般会在什么时间点感到害怕呢？答案是，在想象失败的那个瞬间。

比方说，有些人可能会有这样的经历：

- 曾经遇到过类似的情况，却没能获得理想的结果。
- 自己的能力不达标，未能获得他人的肯定。
- 目睹过他人的失败。

如果有过这样的经历，那份痛苦便会停留在记忆中，随着想象越发鲜明，而恐惧也会随之不断膨胀。长此以往，大脑就会自作主张地下结论："这样下去很有可能会再次尝到那种痛苦，太危险了，还是不要采取行动为好！"

这就是那些"脑袋很清楚但身体无法行动的人"大脑中的状况。

也就是说，是这样的：

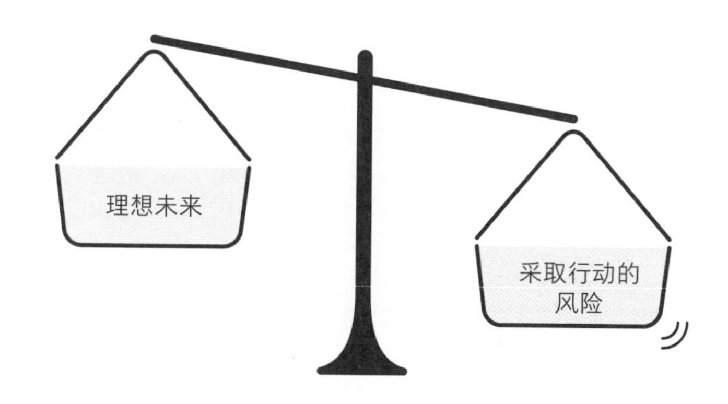


既然如此，解决的办法也很简单。

那就是，在自己的大脑中构想出"下一次能够成功的依据"。而要做到这一点，就需要知道自己的强项在哪儿。

正如我们在游戏新手教程中提到的，所谓强项，就是**"能够有效辅助目的达成的特质"**。

这就意味着，一旦你明确找到能够用来帮助你实现理想未来的特质（强项），就能产生**"有根据的自信"**。

曾经换工作时，没能入职最想进的那家企业。我想这是因为当时我把自己“慎重”这一特质视作了一种弱点。（过去的失败。）

下次参加面试时，如果将“慎重”这一特质看作自己的强项，即“在工作中会反复细致地确认，很少犯错，能给人一种值得交付工作的安心感”，是否能够稍稍提升他人对自己的评价呢？（与理想未来有关的强项。）

像这样，聚焦自己的强项，而不是仅仅盯着自己的弱点，你的目光就会自然而然地从“过去的失败”转向“未来的成功”。

或者，我们也可以像下面这样进行思考：

本想把自己喜欢的画插画当作副业，但看到有那么多插画技术比自己强的人存在，感觉不会很顺利。（风险。）

但是相对地，我可以利用自己画画速度快的优势，成为一名“当日交稿的插画家”；或者凭借对海外电视剧的喜爱，我可以对外宣称自己能够画出“具有海外电视剧风格的插画”。这些说不定都是有市场需求的。（与理想未来有关的强项。）

这样一来，你就能发现自己所拥有的“与理想未来有关的强项”，大脑中的图像也会逐渐发生如下变化：

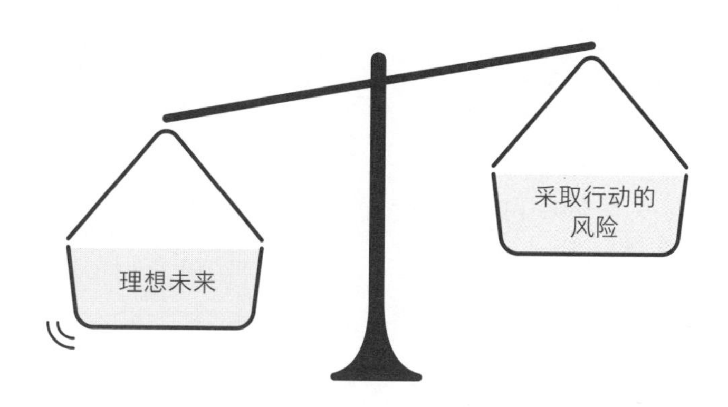


然后剩下的事情就好办了。“无法采取行动”的烦恼也会就此烟消云散。

当然了，从“过去的失败”中吸取教训、预测“风险”并加以回避等，这些事本身是值得推崇的。

可是，**一味地关注失败或风险等消极方面，就会滋长阻碍自身行动的理由。**

害怕失败而无法采取行动的人往往都有一种倾向，那就是过分关注自身的弱点，如自己不擅长的事情或失败的经验等。

因此，我们再强调一遍，无法向着理想未来采取行动的人应该做的是，关注事物的积极方面。

这就是说，不能把自己的特质看作单纯的弱点，而是要有意识地关注那些能将之当作强项来使用的场合。

## “行动无法坚持下去” = 奖励不足

为了抵达理想未来，必然需要我们朝着目的地持续地行动，比如：

· 为了获得想要的东西，存到一定金额的存款。
· 为了成为理想的自己，对不擅长的领域进行训练。
· 为了过上理想的生活，换一份职业，以理想的方式工作。

无论以上哪一条，持续的行动都是必不可少的。

但是，想必有很多人“尽管采取了行动，但很难长久坚持下去”。

从结论上来说，坚持行动的关键同样在于知晓自己的强项在哪儿。究其原因，实际上，**你在发挥自己的强项时，就会自然而然地找到“想要坚持行动的理由”**。

话说回来，除了一些强制性环境，我们一般会在什么时候按照自身的意志选择坚持行动呢……

① 取得成果、获得成长等真切体会到“改变”的时候。
② 对他人有所帮助、收获了感谢等体会到“贡献感”的时候。
③ 取得金钱方面的回报或收获表彰、奖励等获得了“报酬”的时候。

或者是上述任意一种情况，或者是同时符合上述多种情况的情况。

总而言之，你在采取行动时，如果能持续地体会到“改变”“贡献感”或是获得“报酬”的话，必然能将行动坚持下去，直到抵达自己的理想未来。

试想一下，假设你在现在的工作中

· 能够真切地感受到自己比昨天有所成长。
· 每天都会收获许多感谢的话语。
· 能够获得充足的报酬。

你会选择辞职吗？
……我想，恐怕几乎所有人都会自愿选择坚持下去吧。

那么，我们在采取行动之时，具体应该怎么做，才能满足“改变”“贡献感”“报酬”这几个方面的需求呢？

这个问题的答案正是，发挥自身的强项。
原因是，当你能够灵活地将自己的特质转变为强项，自身的状况就会发生如下变化：

① 投身于同样的事情，能更快地取得成果。（改变。）

② 产生不同于他人的独特价值，获得周围人的好感。（贡献感。）

③ 取得成果、获得周围人的好感，不仅能让你广受褒奖，也能提高你的收入。（报酬。）

如此一来，岂不是凡事都会轻松不少？

**所以，若能清晰地将自己的强项用语言表述出来，并将之活用到与理想未来相关联的想做的事情当中，便能在充满期待的同时坚持行动，最终将理想人生紧紧地掌握在自己手中。**

你的强项，是能够将你的人生引向正途的魔法道具。

为此，在第 3 天、第 4 天和第 5 天的游戏中，让我们一起脚踏实地地完成练习，找到自己的强项所在吧！

最后，我们会将在这 3 天发现的强项用表格呈现出来，并在最后一天（也就是第 7 天）的练习中学会如何运用这些强项。敬请期待！

## 强项分为 3 类

至此，我们终于要将话题转向具体该如何寻找自己的强项了。为了便于理解，也为了更容易寻找，本书将强项分为以下 3 类。

· **先天强项** ← 今天要寻找的。
· **后天强项** ← 将在第 4 天寻找。
· **资源强项** ← 将在第 5 天寻找。

如果你了解这 3 类强项所具备的作用和找到它们的方法，那么接近自己的理想未来的可能性就能一下子提高很多。

这是因为，对于那些乍看之下难如登天的挑战，它们能帮助你在不同的场合充分发挥和灵活运用自己的特质，并近乎无限地增强你的能力。

今天，让我们先从第一类“先天强项”开始寻找吧。

## 何谓“先天强项”？

“先天强项”指的是你**“与生俱来的特质”**。具体来说可以分为以下两类。

① **外表**（如相貌、体形、头发、体质、声音、说话方式等方面的特质）。

② **性格**（如情感、思维方式、行为习惯等方面的特质）。

先天强项基本上以先天（从出生到幼儿时期这一阶段）所具有的特质为准。

比如可以通过视觉或听觉等感受到的“外表”特质：

· 双眼皮。
· 身高 ×× 厘米、体重 ×× 千克。
· 嗓音低沉，给人以沉着冷静的印象。

又比如能反映思维方式和行为习惯等的“性格”特质：

· 对于悲伤、忧虑等情绪非常敏感。

· 争强好胜，执着于胜负、排名。
· 相比运动，更擅长使用头脑进行思考。

以上这些**先天特质如果能够转化为武器，将会成为我们自身巨大而且稳定的强项**。毕竟与生俱来的特质是相当强大的，它们**既不需要额外的关注，也不需要自身的努力，自然而然就会发挥作用**。

并且因为这些先天强项在发挥作用时是无意识的，所以会让人感觉自己没有付出什么努力，就取得了成果，比如：

- **“个子不高、圆脸”的人看起来比较年轻**

→容易受到前辈的关照；给后辈以亲切感，容易受到他们的景仰。

→获得需要亲和力比较强的中层管理职位。

- **“比较感性，容易落泪”的人容易对他人的烦恼产生共情**

→从事心理咨询师、教练等陪伴类职业。

- **“容易感到愤怒或后悔”的人经常行动力爆棚**

→适合投身“与他人竞争”的工作环境；写下“后悔清单”，就能很轻松地保持动力。

→转向销售或是以成果换取报酬的工作岗位。

正因如此，如果我们能够有意识地灵活运用这些先天强项，那么在同等付出的情况下，所获得的成果就会翻上几番。

不过，也正是因为这些先天强项与生俱来，我们很容易将之视作一种理所当然，从而**很难意识到自己其实是“拥有”先天强项的**。

为此，如果我们想了解自己外表方面的优势，可以咨询专家，进行“骨骼诊断[1]”或“个性颜色诊断[2]”。另外，如果想了解自己的性格，做一做著名的“性格诊断测试[3]”也不失为一种有效的手段。

当然，本书旨在从不同的角度，以练习的形式帮助大家与自身坦诚相见，借此让每个人都能找到自己的“先天强项”。

1 骨骼诊断：一种在日本颇为流行的体形测试，其以骨骼为基础，将人的体形划分为不同类型，使人们可以根据自身的体形搭配不同的时装。
2 个性颜色诊断：一种基于皮肤类型的测试，其将人的皮肤分为“黄色基调”和“蓝色基调”两大类，不同类型的皮肤适合不同的化妆品。
3 根据不同的心理学理论，有着不同的性格测试。比较著名的有 MBTI 16 型人格测试，这种测试常用于分析性格对工作、职业等的影响。

## 找到外表和性格特质的诀窍

在借助练习寻找外表与性格特质时，需要注意别让自己掉入陷阱当中。所谓陷阱，是指大多数人都对自己的外表或性格怀有自卑感。

其实，这种自卑感也是一种能转化为强项的特质，因为它很有可能意味着你的与众不同。

然而遗憾的是，很多人总是苦恼于“自己的个子比别人矮”或“自己比别人性子急”等，因为“与他人的差距”而充满自卑感。

于是他们不再关心也不去认识自身，在无意中封闭了自己的内心。如此一来，他们原本所具有的外表和性格方面的特质就很难寻找得到了。

针对这一状况行之有效的方法是，**有意识地将自己的自卑之处写下来，并将其向相反的方向进行转换。**

| 自卑之处 | 转换后 |
| --- | --- |
| 在意他人的目光 / 胆小 | 能够敏锐地察觉到他人表情的变化 |
| 同理心差 / 与别人话不投机 | 不容易情绪化，理性思维能力强 |
| 思考能力弱 / 不擅长动脑思考问题 | 相比思考，更倾向于用行为来感知事物 / 行动能力强 |

那些对自己的外表或性格缺乏自信、羞于向他人请教或是埋头工作的人，不妨像这样有意识地关注令自己感到自卑的部分，借助不同于以往的视角来发现自己的特质。

你的自卑之处不仅仅是你的特质，在他人看来有时还会是你的长处。因此，就算有些特质让你感到自卑，你也应该在练习中毫无保留地写下来。

好了，围绕前面的话题，我们已经准备了各种形式的练习，来帮助你进一步认识到每个人都具有许多先天强项。

或许有的人会对评价自己感到畏惧，但是没关系，正如前面所说，自卑之处是可以转换的，而你的强项其实比你想象的要多得多。

## 在凝视自卑中，<br>我发现了自己的强项

写不好心理练习，这曾是我永恒的烦恼。

我对自己的外表和性格没什么自信，而且不管是在学业还是工作方面，迄今为止我一直没有取得过什么大的成就，所以感觉很自卑。

为此，我做过许多自我分析测试，但总是无法如愿以偿地找到自己的强项……就算尝试去回想“过去的成功体验”，也总是回想到一半，脑子就变得一片空白，最终“死机”。

后来某一天，为了减轻思考负担，我彻底改变了视角，开始回顾如“过去感到艰难的时期”“进行得不顺利的事情”等对自己来说较为负面的经历，心想：“这下总能写出一大堆了吧？”

于是，有趣的事情发生了。我发现，自己挑选的几段过去的负面经历，虽然年代和环境各不相同，却都有着相同的状况。

比方说，在学校里我很难尽情享受各种活动，在公司里我总是对人际关系感到烦恼。每逢此时我都会感觉身体很不舒服，回想起来，引发这一状况的情况总是那几个：“许多人一起做一件事情”“做事情只求速度，不给人思考的时间”“担任带领团队前进的职位”等。

由此我发现了，自己擅长的其实是“一个人集中精力做事”“仔细调查和思考后再做事”。另外，我也明白了，相比当一个带动他人前进的领导者，当一个“帮助他人的扶持者”更能让我心安，也更能让我为之付出努力。

也就是说，写下自己在“难以取得成果的时期”的状况，然后将其中的要素倒转，自身的特质就会自然而然地显现出来。要知道，强项与弱项是互为表里的，因此如果是像我一样对自己没有信心的人，我推荐通过弱项来了解自己。

真是相当棒的思维转换！

如果你也像她一样觉得自己没有强项、缺乏成功体验，不妨先回忆那些“把自身的特质看作弱项的时期”或“未能获得成功时的体验”，然后思考与之完全相反的状况是怎样的。这样的话，说不定你会获得一些意想不到的提示。

# 3-1

## 寻找外表方面的强项

请回答下列问题。

※ 如果你感觉回答这些问题有困难，可以先写下令自己感到自卑的部分，然后思考："如果把它转换成积极的特质会是什么样的？"

1. 你的外表（比如相貌、体形、头发、体质、声音、说话方式等）具有怎样的特点，又经常给他人留下怎样的印象呢？

2. 在外表方面，有哪些部分是你自己比较喜欢的，又有哪些部分得到过别人的称赞呢？这些能为你想做的事情提供积极的帮助吗？

3. 对于身上的衣物饰品，你有什么个人的选择标准或偏好吗？这些衣物饰品会让你给他人留下怎样的印象呢？

## 回答示例

1. 你的外表（比如相貌、体形、头发、体质、声音、说话方式等）具有怎样的特点，又经常给他人留下怎样的印象呢？

圆脸/身高 150 厘米。→给人的第一印象往往比自己的实际年龄要小。

---

2. 在外表方面，有哪些部分是你自己比较喜欢的，又有哪些部分得到过别人的称赞呢？这些能为你想做的事情提供积极的帮助吗？

①眼睛很大而且是双眼皮，经常有人夸我长得可爱。
→在工作方面，经常给后辈留下亲和、好说话的印象。
②说话方式比较缓慢，声音也很低沉，实际交流起来经常给人一种沉着冷静的印象。
→和外表的反差比较大，容易被人记住。在接待顾客或是商务会谈中可能更容易获得对方的信赖。

---

3. 对于身上的衣物饰品，你有什么个人的选择标准或偏好吗？这些衣物饰品会让你给他人留下怎样的印象呢？

①因为个子不高，为了让自己看起来更有大人样，我经常会买一些竖纹衣服或连衣裙。
→虽然相貌看起来让人觉得年轻，但依靠服装的弥补，应该不至于显得和年龄相差得太远。
②比起流行的设计款，更喜欢朴素的单品。
→能给人一种清爽的感觉，让人觉得是个守规矩的人。

# 3-2

## 使用“充实度图表”进行性格分析

1 在迄今为止的学习和工作中，挑出 2 到 5 个你觉得“取得了期望的成果、感到非常充实”的时期，并据此画出你人生的曲线图。

※ 如果回答这个问题有困难，你可以写下那些你觉得“没能取得成果、感觉凡事都不顺心”的时期。

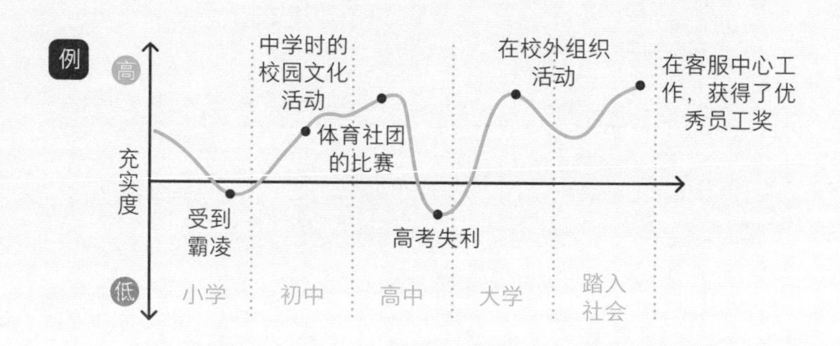

2 在 ❶ 中，你觉得“取得了期望的成果、感到非常充实”的时期正是你充分发挥了自己的强项的时期。针对每一个时期你所做出的选择，从下表的选项 A 或选项 B 中，选出更符合你实际情况的选项并画圈。

※ 如果你感觉选项 A 和选项 B 都不符合自己的情况，可以自由地写下其他选项。

| 要点 | 若回答时感到犹豫不决，别去选那些“有意识地进行了思考”的选项，而应该选那些“瞬间做出的无意识选择”的选项。 |
|---|---|

| 提问 | 选项 A | 选项 B |
|---|---|---|
| 做事时经常着眼于什么方面? | 着眼于积极（好的）方面 | 着眼于消极（坏的）方面 |
| 收集信息时的倾向性是? | 对新事物比较敏感；思维灵活 | 能从有一定历史的事物中感知到价值；沿袭过去的做法或传统 |
| 如何做出决定? | 凭直觉或灵光一闪 | 依据数据或理论 |
| 行事风格是? | 思维优先（调查、比较研究、重视计划） | 行动优先（凡事先行动起来、重视速度、从教训中学习） |
| 做事的节奏是怎样的? | 短时间内集中处理事情 | 在较长的时期内按部就班地完成 |
| 与人交往时的风格是? | 朋友较少，喜欢一对一交流 | 朋友较多，感觉人越多越热闹 |
| 动力来源是? | 受到瞩目、获得称赞、带领他人前进时能感到喜悦 | 令他人开心、帮助他人、向他人提供支持时能感到喜悦 |
| 做事时最看重的是什么? | 成果，享受竞争的胜利 | 过程，期待自身的成长 |

3 根据画圈的结果，你认为如果今后自己要在想做的事情上取得成果，应该发挥怎样的性格才好呢？给那些你觉得特别重要的部分做上记号吧。

## 回答示例

| 提问 | 选项 A | 选项 B |
|---|---|---|
| 做事时经常着眼于什么方面？ | 着眼于积极（好的）方面 | 着眼于消极（坏的）方面 |
| 收集信息时的倾向性是？ | 对新事物比较敏感；思维灵活 | 能从有一定历史的事物中感知到价值；沿袭过去的做法或传统 |
| 如何做出决定？ | 凭直觉或灵光一闪 | 依据数据或理论 |
| 行事风格是？ | 思维优先（调查、比较研究、重视计划） | 行动优先（凡事先行动起来、重视速度、从教训中学习） |
| 做事的节奏是怎样的？ | 短时间内集中处理事情 | 在较长的时期内按部就班地完成 |
| 与人交往时的风格是？ | 朋友较少，喜欢一对一交流 | 朋友较多，感觉人越多越热闹 |
| 动力来源是？ | 受到瞩目、获得称赞、带领他人前进时能感到喜悦 | 令他人开心、帮助他人、向他人提供支持时能感到喜悦 |
| 做事时最看重的是什么？ | 成果，享受竞争的胜利 | 过程，期待自身的成长 |

# 3-3

## 归纳先天强项

对前面的练习进行总结，归纳出你的先天强项吧。

1. 请将在 3-1 中回答的外表特质写在人物图标上。

2. 请根据在 3-2 中的回答，将你的 8 个性格特质写在一旁的方框中。

※ 如果在今后的游戏关卡中，这 8 个特质你都有所体现，那么你获得自己所期望的成果的概率就会大幅提高。但是，为了防备你无法全数发挥的情况出现，如果这 8 个特质中存在你特别想要施展出来的重要特质的话，请画上圈作为强调。

- 做事着眼于积极（好的）方面
- 对新事物比较敏感；思维灵活
- 凭直觉或灵光一闪做决定
- 行动优先（凡事先行动起来、重视速度、从教训中学习）
- 短时间内集中处理事情
- 朋友较多，感觉人越多越热闹
- 令他人开心、帮助他人、向他人提供支持时能感到喜悦
- 看重过程，期待自身的成长

至此，“你”这位游戏主人公的基本特质已经很清晰了。

另外，关于如何灵活运用你在今天所找到的强项，我们会在第 7 天的练习部分进行说明。在发掘强项的阶段，希望你不要对“如何发挥强项”这件事感到过于苦恼，先好好享受不断发掘强项的乐趣吧。

在明天及后面两天的练习当中，我们会继续发掘你这位游戏主人公的强项，敬请期待你的“升级”吧！

老姐！今天的游戏玩得怎么样？

简直是让我茅塞顿开！你说，这个游戏怎么每次都能这么轻松地就解决了我的烦恼呢？

老姐你的基本特质是什么样的？

我呢，一直对自己“优柔寡断”的性格感到很自卑……不过通过今天的练习，我发现，这种性格也说明我“能照顾到他人的情绪，能以他人的感受为先”。

啊，的确是这样，我从很早开始就觉得老姐你特别会体贴人。不管是对其他家人还是对我，总是主动关心我们是不是遇到了什么事情，有什么烦恼之类的。

你真的这么觉得吗？谢谢。我啊，以前总是在拿自己和周围那些“厉害的人”比较，所以根本没有自信。我一直觉得那些敢想敢做、把自己放在第一位的人很了不起。

其实我又何尝不是这样呢。

你有什么发现呢？

我以前觉得自己没法长时间专注在一件事情上，但现在回想起来，我发现自己其实在“短时间内集中处理事情”方面还是有着很高专注度的。

确实，以前我就很羡慕你做事情非常利落！

真的吗？我不知道你居然是这么看我的。

话说回来，尽管对自身很多方面感到自卑，但只要改变自己看待它们的方法，并从中找到自己的优势，然后思考怎么去发挥它们，这样内心会轻松不少呢。

是啊，有种自己还有救的感觉。

以前我只是一根筋地想“必须换工作、必须搞副业”，所以才会觉得只能做文员工作的自己一无所长，但其实不是这样的，我只要找到能够自然地发挥自己“体谅他人心情的性格”的工作或副业就好了。

这些天，深入了解了什么是强项，通过练习一点点地学会了从不同角度来看待自己，我开始有点儿喜欢上自己了，觉得自己其实还是有不少优点的。

是这样的，老姐。这话说起来有点儿让人不好意思，其实我特别感谢老姐你这么多年来对我的帮助。好了，不说这个了，总之明天也继续享受游戏吧！

# 恭喜!!!

## 第 3 天成功过关!

- 找到自己的强项能提升行动力，使行动坚持下去。
- 强项可以分为“先天强项”“后天强项”和“资源强项”。
- “先天强项”指一个人与生俱来的特质，包括外表和性格。
- 在无意中也能发挥作用的先天强项往往能够转化为巨大的强项。
- 自卑的背后隐藏着与众不同的强项。

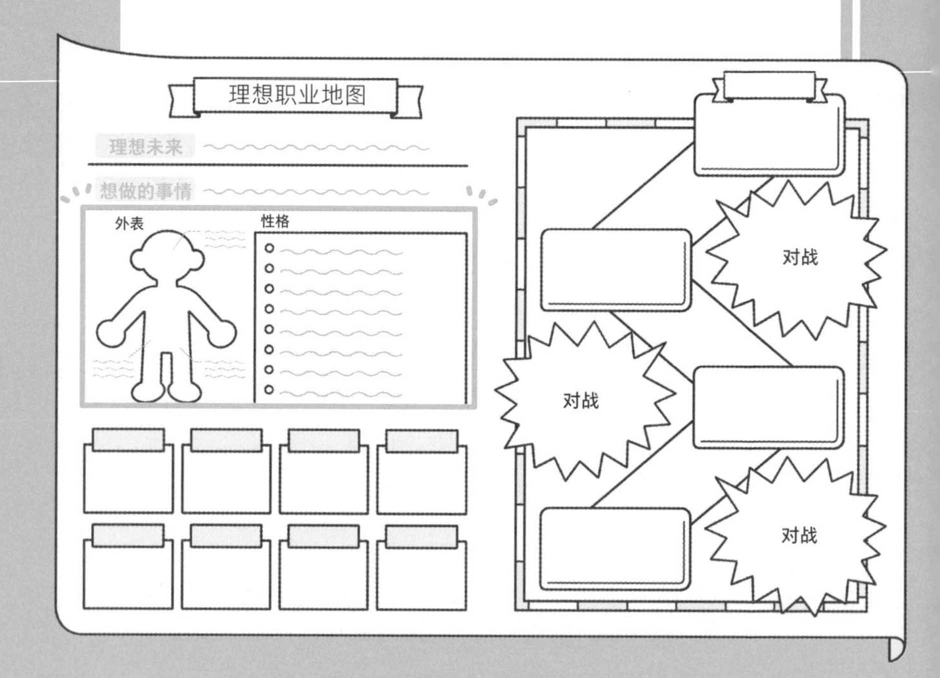

# 第 4 天

## 掌握魔法“咒语”（后天强项）

DAY 4

理想未来、想做的事情都找到了，自己的性格如何以及怎样发挥这种性格的优势也明白了。但现实问题是，**不管是“换工作”还是“搞副业”，我都不知道具体应该怎么做**。

我还是大学生，你问我呀（笑）？不过也是，毕竟是自己没做过的事情，烦恼具体应该怎么着手很正常。

没错。说到“换工作”或“搞副业”，我根本不知道面试的时候应该怎么表现。虽然昨天通过自我分析练习，我已经明白了自己一直以来都是那种比起自己更关心他人的性格，这本身是好事，但感觉太笼统了……

啊，这么说来，我接下来也有一大堆面试，该怎么表现对我来说也是至关重要的问题。

两位早安。哈哈，一大早就在谈论面试的话题，看来烦恼减轻了不少呢。

是啊，多亏了你，我们现在已经能够积极地看待问题了呢！

哈哈，那可太好了。说起来，“向他人充分展示自己的价值”的确是工作中不可或缺的能力呢——不管是面试时还是正式入职后，不管是发展副业还是自主创业。

我的性格就是这样，习惯于考虑别人，所以不擅长展示自己，从以前开始就一直是这样……

哈哈，没关系的。如何把“自己是怎样一个人”展示给对方并获得对方的信赖，这个问题其实是有答案的。我想通过今天的游戏你们就能知道答案。

你们这游戏也太贴心了吧?!我好想早点儿知道答案呀。

哈哈，你们两个真的和过去的我很像呢。给你们一个提示，关键在于，把迄今为止学到的东西好好地传达给对方。

迄今为止学到的东西……硬要说的话，就是文员工作技能……

……完了，我什么都不会（汗颜）。

你可别这么说。只要你们完成了接下来的练习……哎呀，导游已经来接你们了。那么赶紧出发吧，今天也要好好享受游戏的乐趣哦!

DAY 4

# 掌握主人公角色的“咒语”

第 4 天

所谓“咒语”,是指你迄今为止积累的经验、学会的知识或技能、创造的成绩等。这些都是能帮助你大幅接近理想未来的、值得依靠的因素。让我们好好地发掘一下，把这些因素变得可视化吧。

MISSION

## 什么是“后天强项”？

让我们先来复习一下第 3 天的内容。本书把强项分为 3 类，还记得是什么吗?

它们是：

· **先天强项**（外表、性格）。
· **后天强项** ←今天要寻找的。
· **资源强项** ←将在第 5 天寻找。

在游戏的第 4 天，也就是今天，我们将一起寻找后天强项。**所谓后天强项，是指你在迄今为止的人生中，通过行动、学习、训练等方式，后天获得的特质。**

后天强项具体来说可以分为以下 4 种：

① **经验**（亲身见过、听过或是做过的事情）。
② **知识**（自己知道并能传授给他人的东西）。
③ **技能**（自己能做到并且能帮他人做到的事情）。
④ **成绩**（能够证明你的经验、知识、技能的客观性事实）。

后天强项是能够非常有效地帮助你接近理想未来的特质。

这是因为，**拥有经验意味着你从很多事情当中得到过教训，这样当你在面向未来、采取行动时，无论是恐惧感还是畏难情绪都会一下子减轻不少。**

**拥有知识和技能，则可以帮你避开失败，走上捷径。**

而**拥有成绩，则会让你更容易得到周围人的信赖。**

一般而言，在这 4 种后天强项中，成绩特别容易给别人留下深刻的印象，如：

· 高学历、高收入。
· 通过非常难考的资格考试。
· 取得过前几名的好成绩。

的确，拥有这些特质的作用是很明显的：

· 拥有更高的学历，就更容易被自己心仪的公司录用。
· 在某些领域，有着特定资格证书的人更容易被认可。
· 在学业或工作中取得过优异成绩的人更容易引起别人的关注。

诸如此类，这些特质作为一种客观事实，能在不同场合发挥作用，而它们都能够为你迈向理想未来贡献一份力量。

但是，按照本书所定义的**“强项 = 能够有效辅助目的达成的特质”**，在成绩之前的那些经验、知识、技能等特质，也同样能够成为我们十足的强项。

实际上，**就算我们没有取得耀眼的成绩，在很多场合下，经验、知识、技能也依旧能发挥巨大的作用**。比方说：

- 如果营销人员掌握了相关领域的知识，就能给顾客提供更多样的方案。
- 如果公司员工学会了与工作有关的技能，上司就能交给他更多样的业务，这就让他距离升职更近了一步。
- 如果一家公司希望员工入职后能立刻开展工作，那么有着相关工作经验的人肯定更容易获得这个机会。

因此，我们没有必要只关注成绩，而是要以一种宽广的视角来看待自己所拥有的经验、知识和技能，将这些能够用作我们“武器”的特质以语言的形式表述出来。

用游戏世界的语言来说就是，如果能在拥有良好的外表、性格这些基本战斗力的同时，还掌握许多经验、知识、技能、成绩等不同种类的“咒语”，就能打倒更多的敌人。

## 后天强项可以任意增加!

更有趣的一点是，经验、知识、技能、成绩等是可以根据你自身的情况主动增加的！用图像来表示的话是这样的：

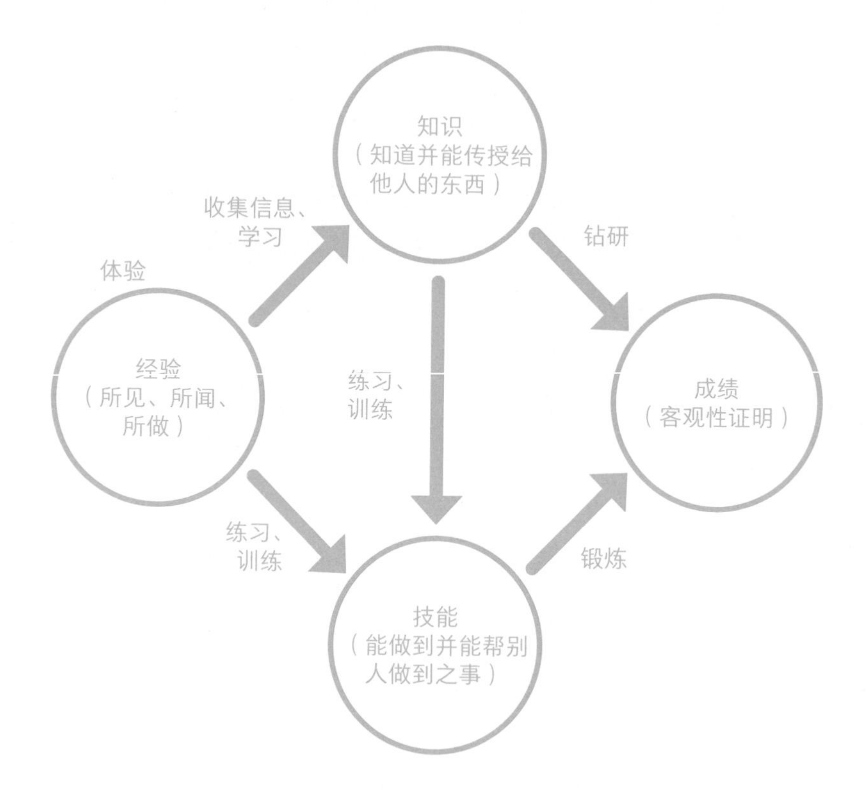


具体该怎么做呢？

第一阶段，你可以先体验一些事情，这样就能充实你的“经验列表”。要知道，所谓经验，就是指在日常生活中能够自然而然增加的东西。

增加经验的例子

· 在工作中负责策划一个小型项目。
· 因为感兴趣，所以报名参加声乐培训班。
· 邀请朋友一起去当前热门的景点旅游。

然后是第二阶段。

要么**以这些经验为基础，进一步收集信息或加强学习，如此就能将其转化为知识**。

经验→知识的例子

· 为了项目而阅读市场营销类书籍，并从中学习市场调研和制订项目计划的方法。
· 在声乐培训中学习调整音高的方法。
· 在旅行中搜索并了解当地的历史。

要么**以经验或知识为基础，不断地进行练习、训练，如此就能将其转化为技能**。

经验或知识→技能的例子

· 以市场营销知识为基础，通过街头调查或网络问卷的方式进行市场调研，从而掌握信息收集技能和市场分析技能。
· 学会调整音高的方法，然后持续不断地练习，于是唱歌时的发声比以前更加准确了。
- 记住了许多地方的逸闻趣事，跟家人或朋友分享之后，他们都来找你制订旅行计划或是请你当导游。

在最后的阶段，**进一步深化对自身所掌握的知识、技能的追求，并通过刻苦钻研与锻炼，将其转化为具有客观性证明的成绩。**

知识或技能→成绩的例子

- 自己所掌握的市场营销知识、信息收集技能和市场分析技能得到了公司的肯定，晋升为公司有史以来最年轻的项目主管，年收入增加到 100 万日元。
- 把自己不断进行声乐训练、唱歌水平越来越高的过程拍成视频，并上传到 YouTube（优兔）上，关注人数超过了 1 万。
- 由于掌握了制订旅行计划以及当导游的技能，跳槽去了旅游公司，然后自己提出的旅行方案得到了顾客的青睐，在总公司旗下的众多分店中，自己所在的分店取得了顾客满意度第一的成绩。

就算在最开始的起步阶段只有微不足道的经验，只要分阶段不断地进行追求和提升，最终就能将之转化为巨大的成绩。

像这样，后天强项之所以值得信赖，就是因为它能让人根据自身的情况而自由增加。

## 增加后天强项的先后顺序

前面我们说过，后天强项是可以任意增加的，但这并不意味着它可以胡乱增加或增加得越多越好。这是因为，不假思索地增加后天强项，未必能帮助我们实现理想未来。

那么，我们该如何思考这个问题呢？我**希望你能从理想未来逆推，从中发现自己应该增加的强项的先后顺序**。

举例来说，假如你的理想未来是“过上每个月都能去旅行的生活”，而为了赚取旅行费用，你想将在书中学到的并实践过的“断舍离[1]”方面的知识与经验加以活用，以向他人提供断舍离方面的建议作为自己的副业。

那么在这种情况下，接下来你应该增加的强项是什么呢？

既然要做副业，首先你应该学习的是如何将自己拥有的知识转化为收益。

但是，假设这个时候你想的是“为了给自己‘镀金’，先考一个室内陈设方面的资格证吧！”“我得先学一些经营管理的方法！”，你反而会距离“通过副业挣钱”这个未来越来越远。以上这些，完全可以留到赚了钱之后再去学习。

请记住，你所寻找的是迈向理想未来的最短道路，所以**应该增加的强项一定要按照必要的顺序来增加**。

1 指“断绝不需要的东西，舍去多余的事物，脱离对物品的执着”。起初是由冲正弘倡导的一种瑜伽理念，后逐渐得到传播并发展成为一种流行的生活观念。

## “冒险家”“专家”“超人”——你属于哪种类型？

我们已经说过，无论多么微不足道的经验，都能转化为知识和技能，最终助你取得巨大的成绩，但这并不是强求每个人都要为了取得巨大的成绩而把某件事情做到极致。因为成绩的大与小、多与少并不能真正反映一个人的价值。

不过在继续这个话题之前，我们先一起来了解一下发挥后天强项的三种方式：

### 冒险家型

特征　好奇心旺盛，对各种领域、各类事情都抱有兴趣并尝试体验。这类人在经验的数量上相比别人有着压倒性优势，其中不少人还掌握着广泛的知识或技能。

职业建议　适合从事那些能运用自己广博的见识和人脉，以宽广的视角为他人提供多样化建议或是将不同领域的专家统合起来的工作。

## 专家型

特征　有着很强的探究欲，会对一件事情寻根问底。这类人的数量并不多，但是在特定领域内比周围的人具备更多的知识和技能，甚至其中有些人还有着傲人的成绩。

职业建议　能够凭借深厚的专业知识和高水平的技能，针对特定领域的问题，提出切中肯綮的建议；擅长以指导、培训、写作等方式传播知识和技能。

## 超人型

特征　既有着旺盛的好奇心又有着强烈的探究欲，在很多方面、很多领域都能有所建树，可以说是超凡脱俗的那类人。不管是经验、知识、技能还是成绩，都远超他人。这类人往往颇受他人景仰，并且因为数量极其稀少，经常会被人在背后议论，比如“这么稀有，不会是假的吧”“活三辈子也赶不上人家”之类的。

那么，你属于以上哪种类型呢？（这或许与游戏第 3 天的“性格”有关。）

这里需要注意的是，并不存在“这种类型一定好 / 坏”的说法。正如前文所反映的，每种类型都有着“能够施展自身才华的场所或职位”。不同类型的人虽然发挥后天强项的方式不同，但他们都具有自身的价值。

最关键的是，你要**凭自己的意志，选择有助于实现自身理想未来的最合适的发挥后天强项的方式**。

这样一来，你应该采取的行动就会变得非常明确。

如果以“冒险家型”为目标，那你可以从一些力所能及的事情做起，以积累经验。

如果以“专家型”为目标，那么你首先要确定好事情的先后顺序，然后像爬台阶一样专注于做好一件事情。

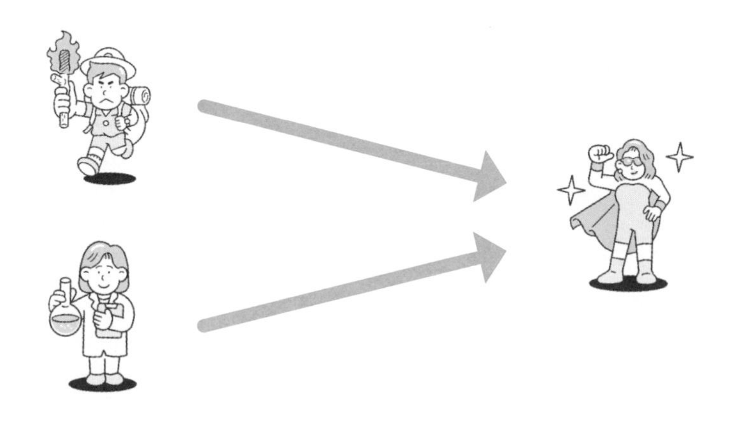

另外，在游戏刚开始时，基本上所有的人要么是冒险家型，要么是专家型。

总而言之，**首先你要做的是对自己的强项进行梳理。然后通过练习，将你拥有的经验、知识、技能和成绩可视化。**

今天的练习主要集中在回顾你的工作或学业上。在寻找理想职业方面，深入挖掘工作或学业所获得的结果更容易直接运用到今后的工作当中去。

但是，对于那些在工作或学业中缺少成功体验，或是无论如何都回忆不起来这些的人而言，将挖掘的主题换成兴趣爱好或生活中自己曾为之努力过的事情也是可以的。

不管怎么说，今天的目的就是“清点人生库存”，回顾你在至今为止的人生中，获得过怎样的经验、知识、技能和成绩。

请把自己的人生当作一部电视剧，尽情地观赏吧！

## 后天强项与信赖感紧密相关！

首先我想说明一点，在各种各样的强项当中，**后天强项更容易帮助我们获得他人的信赖**。这是因为，通过观察一个人所拥有的经验、知识、技能和成绩，就能客观地了解这个人迄今为止是如何分配自己人生的时间的。

因此，在诸如职场评价面谈、面试、商务会谈等场合，特别是那些亟需对方信任自己的场合，一定要将自己的后天强项充分表现出来。

而表现的诀窍则在于，说完自己的后天强项后，再加上“有根据的故事情节”。

> 我能够列举国内各类护肤品的优点或针对国内各类护肤品提出改善方案（后天强项：知识）。
>
> 这10年每个季度我都会亲自试用各种各样的护肤品（后天强项：经验）。
>
> 小的时候，我曾饱受过敏性皮炎的折磨，不管擦什么护肤品，皮肤都会受到损伤。正是因为体验过这种痛苦，我才会思考什么样的产品不伤皮肤，让肌肤敏感的人也能安心使用（有根据的故事情节）。

你对这个例子的感觉如何？

像这样，只要稍微花些心思，就能一下子获得对方的信赖，因此请你一定要尝试一下。

## 玩家体验谈

# 发挥后天强项后，我成功获得了一份收入更高的工作！

居住地远离大城市的我在一座乡下小镇上，一边全职工作着，一边养育着两个孩子。一天的工作甚至加班结束后，我还要回家做家务和照顾两个孩子，所以每天都过得忙忙碌碌。为了维持家计，我必须竭尽全力，但就本心来说，我还是希望能换一份条件更好的工作。

可与此同时，我又觉得，自己已经过了35岁，既平凡又没什么强项，所以换工作恐怕会很困难，因而彻底丧失了自信。之所以会这么想，是因为我坚持认为，只有前百分之几的人所拥有的成绩，才能叫作强项。

然而，当我制作自己的工作年表，回顾自己的工作经验时，我发现了一些自己以前从未意识到的事情。那就是，不管是在超市还是在客服中心，这些年来我一直工作在接待顾客的最前线。

由此我觉得，尽管自己并没有像销售业绩或具体职务这类看得见、能得到认可的成绩，但我拥有15年以上接待顾客的经验。并且，随着这些经验的累积，我也掌握了很多技能，比如“倾听顾客烦恼的能力”“预知顾客可能遇到的困难，并提出解决方案的能力”等。

意识到这一点之后，我下定决心重新开始求职，然后成功找到了一份能够充分发挥“应对顾客的能力”的职位。当然了，在面试中我也充分展示了应对顾客的经验和技能。

最终，我这个39岁、有两个孩子的母亲，成功获得了一份收入更高的工作，而且我进入的还是自己此前没有任何经验的新行业——一般来说，这类求职更加困难。另外，我在面试当中展现出来的“应对顾客的能力”在入职后也获得了充分的认可，上司甚至对我说:“希望你能一直在我们公司工作下去。”不仅如此，在入职短短一个月后，我的月收入就增加了两万日元，这实在是太让我惊讶了。

就这样，原本因为“自己没有成绩，所以没法换工作”而放弃求职的我，境况一下子发生了天翻地覆的变化，迎来了如梦似幻的圆满结局。

正如我们能从这段陈述中明白的，最为重要的是，即使自认为没有成绩，也要从以往的经验出发，仔细回顾，先把能写的东西写出来。然后再去考虑怎样从自己的过去中发掘强项。故事主人公职业生涯转机的到来，正是得益于她盘点了自己的工作经验，并积极寻找能够将自己的特质转化为强项的岗位。

更进一步地说，在求职和入职之后的工作中，她还通过充分发挥其在自我分析中所发现的经验和技能取得了成绩。“以 39 岁的年龄成功进入一个此前没有任何经验的新行业”“入职一个月工资就增加了两万日元”，这些都会成为改头换面之后的她所拥有的成绩，并且在今后一定会有能令她将其作为强项发挥出来的场合。

# 4-1

## 工作年表

请根据你所做过的工作，将相应的内容填入下面的表格中。

※ 工作形式不限，不管是临时工作、兼职工作、派遣工作、正式工作还是承包的工作，只要是你的工作经验，都可以填！

※ 如果你还是学生，请把经验栏里的项目替换为“学校名、年数、课外活动（部门活动、学生会、社团、志愿者等）、职责、主要活动内容”后再进行填写。

| | | 工作① | 工作② | 工作③ | 工作④ | 工作⑤ |
|---|---|---|---|---|---|---|
| 经验 | 公司名 | | | | | |
| | 年数 | | | | | |
| | 行业 | | | | | |
| | 职务或职责 | | | | | |
| | 主要工作内容 | | | | | |
| 知识/技能 | 该时期经常使用的工具或软件 | | | | | |
| | 对该时期学到的哪些知识有着格外深刻的体会 | | | | | |
| | 对该时期学到的哪些技能有着格外深刻的体会 | | | | | |
| 成绩 | 年收入 | | | | | |
| | 所获证书、公司内外所取得的成绩、颇感自豪的事情 | | | | | |

| | | 工作① | 工作② | 工作③ | 工作④ | 工作⑤ |
|---|---|---|---|---|---|---|
| 经验 | 公司名 | ××<br>牙科医院 | △△有限公司 | ○×有限公司 | | |
| | 年数 | 2 | 5 | 3 | | |
| | 行业 | 医疗 | 食品 | IT | | |
| | 职务或职责 | — | — | 培训新员工 | | |
| | 主要工作内容 | 接待、文员 | 文员 | 销售 | | |
| 知识/技能 | 该时期经常使用的工具或软件 | 医院专用的云端平台 | Excel | Excel、PowerPoint | | |
| | 对该时期学到的哪些知识有着格外深刻的体会 | 关于牙齿健康、预防口腔疾病的知识 | Excel 公式 | | | |
| | 对该时期学到的哪些技能有着格外深刻的体会 | | 用 Excel 制作估算表 | · 制作简单易懂的 PPT<br>· 培训新员工时不让对方感到厌烦 | | |
| 成绩 | 年收入 | 300 万日元 | 400 万日元 | 450 万日元 | | |
| | 所获证书、公司内外所取得的成绩、颇感自豪的事情 | 接待时给人留下了好印象，因此有顾客在网上给了好评 | 获得了 Excel 方面的资格证书 | 入职一年就开始负责培训新员工 | | |

# 4-2

## 帮你找到后天强项的15个问题

请回答接下来的15个问题。
如果答案出现了重复，恰恰说明这是你的一项重要特质，因此哪怕频繁出现重复的答案也是没有问题的。

※ 并不一定非要回答完所有的问题。就挑选那些让你有感触的问题来回答吧！

1 在你的人生中，有哪些花费了大量金钱的经验（基准：10万日元[1]以上）？

2 在你的人生中，有哪些花费了大量时间的经验（基准：1个月以上）？

3 有哪些事情你最初不感兴趣，但做了之后发现还不错？

4 给你留下深刻印象并对你的职业选择和工作方式产生了影响的早期体验[2]有哪些？

---

1 根据日元兑人民币汇率，约5000元人民币。——编者注
2 日语作"原体验"，一般指一个人懂事之前的经历，本书中用来指代某一个特定阶段的早期所获得的体验。

知识

5 你会在无意中收集社交媒体或网络平台上哪些领域的信息？

6 迄今为止，你有没有为了学习而花钱报培训班、学校，或是购买教材？

7 在你最近读完或是读过很多次的书中，给你留下深刻印象的那本写的是关于什么内容的？

技能

8 迄今为止，你通过一段时间的练习学会的技能是什么？

9 最初你不擅长但最终克服了的事情是什么？为此，你学会了什么技能？

10 有什么是你一直沉迷其中并坚持学习的？对你而言，学会什么会让你感到开心？

11 对工作中遇到的人（上司、同事、下属、顾客等），你有没有产生过类似于“这里应该这么做”或是“我来帮你”这样的想法？如果有的话，说不定这正是你擅长的领域。

12 在学习或工作中，你有没有取得过什么自己认可的成果？

13 迄今为止，你在哪些地方获得过他人的认可或夸奖？

14 有什么事情是你在一段时间内始终坚持去做，从而变得比周围人更加擅长的？

15 如果你正在接受一场关于你人生的采访，你有什么想说的？你有什么想要自夸的？

1 在你的人生中，有哪些花费了大量金钱的经验（基准：10万日元以上）？

· 学习美甲（15 万日元）。
· 带母亲去北海道旅行（20 万日元）。

---

2 在你的人生中，有哪些花费了大量时间的经验（基准：1个月以上）？

· 在文员岗位任职（5 年）。
· 学习美甲（3 个月）。

---

3 有哪些事情你最初不感兴趣，但做了之后发现还不错？

· 桑拿（同事邀请我去的）。
· 观看舞台剧。

---

4 给你留下深刻印象并对你的职业选择和工作方式产生了影响的早期体验有哪些？

· 从第一任上司那里学会了要始终关注自己工作的直接对象。
· 上高中之后母亲就生病了，为了随时能陪伴她，选择了一份不是很忙的工作。

---

知识

5 你会在无意中收集社交媒体或网络平台上哪些领域的信息？

· 美甲的设计。
· 市区内的时尚咖啡店。
· 断舍离或室内陈设。

---

6 迄今为止，你有没有为了学习而花钱报培训班、学校，或是购买教材？

· 学习美甲。

---

7 在你最近读完或是读过很多次的书中，给你留下深刻印象的那本写的是关于什么内容的？

·《被讨厌的勇气》（心理学方面的书，主张不要否定自己）。

---

8 迄今为止，你通过一段时间的练习学会的技能是什么？

· 烹饪（开始独自生活后，每周都有 5 天是自己下厨）。
· Excel 表格的计算方法。
· 美甲的技术。

9 最初你不擅长但最终克服了的事情是什么？为此，你学会了什么技能？

· Excel。一开始我对 Excel 一窍不通，但最终还是学会了简单的表格计算。

10 有什么是你一直沉迷其中并坚持学习的？对你而言，学会什么会让你感到开心？

· 美甲。在学习的过程中，我掌握了很多样式的图案，这让我非常开心。
· 香薰。我学会了根据自己的心情或身体状态来挑选香薰。这不仅提高了我的生活品质，把香薰当作礼物送给朋友时，对方也会很开心。

11 对工作中遇到的人（上司、同事、下属、顾客等），你有没有产生过类似于“这里应该这么做”或是“我来帮你”这样的想法？如果有的话，说不定这正是你擅长的领域。

· 每次开会时，我都觉得 PPT 的设计样式太陈旧，内容很难记到脑子里。我觉得增加一些更简单易懂的插图比较好。这样的话，新员工对工作的理解程度或工作动力也会发生变化。

12 在学习或工作中，你有没有取得过什么自己认可的成果？

· 考上了第一志愿的大学。
· 在入职第 2 年，靠自学拿到了 Excel 的资格证书。

---

13 迄今为止，你在哪些地方获得过他人的认可或夸奖？

· 在工作上很守时，别人说我值得信赖。
· 我制作的 PPT 版式美观且简单易懂，这一点获得过夸奖。
· 在社交媒体上发布自己的美甲设计时增加了 100 个关注和 30 多个点赞。

---

14 有什么事情是你在一段时间内始终坚持去做，从而变得比周围人更加擅长的？

· 将听到的内容用图表的形式画出来。
· 收拾整理（已经养成了整理办公桌和文件资料的习惯）。

---

15 如果你正在接受一场关于你人生的采访，你有什么想说的？你有什么想要自夸的？

· 哪怕是一开始觉得不擅长的事情，只要我想办法让自己乐在其中，就能坚持下去，并且最终有一天会变得很擅长做这件事，甚至还会有人让我来教他怎么做。

# 4-3

## 后天强项总结

最后，让我们做一个总结，将主人公所掌握的“咒语”可视化。

1. 以你在 4-1、4-2 中的回答为基准，在下图标注“经验”“知识”“技能”“成绩”的方框中填入相应的内容。

2. 你认为自己是冒险家型、专家型还是超人型？把你自认为的类型标注在下图人物身上。

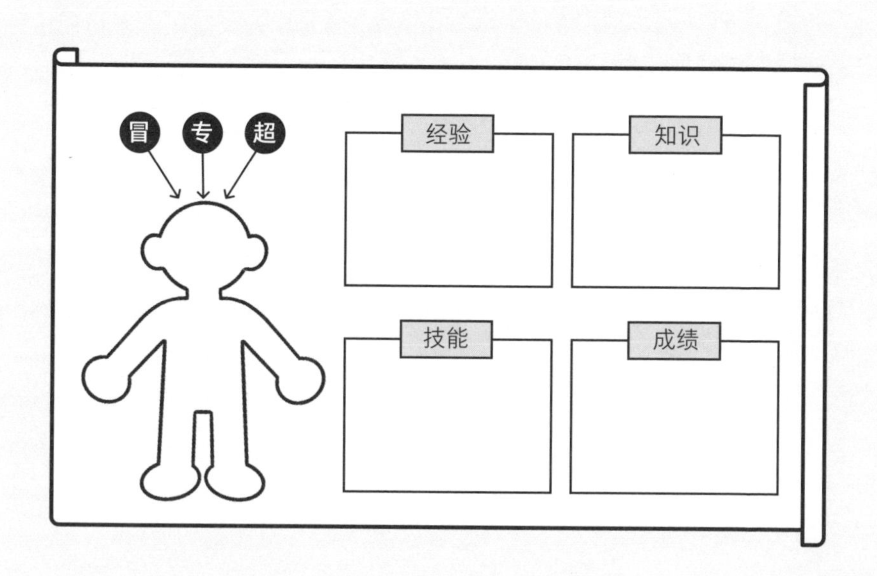

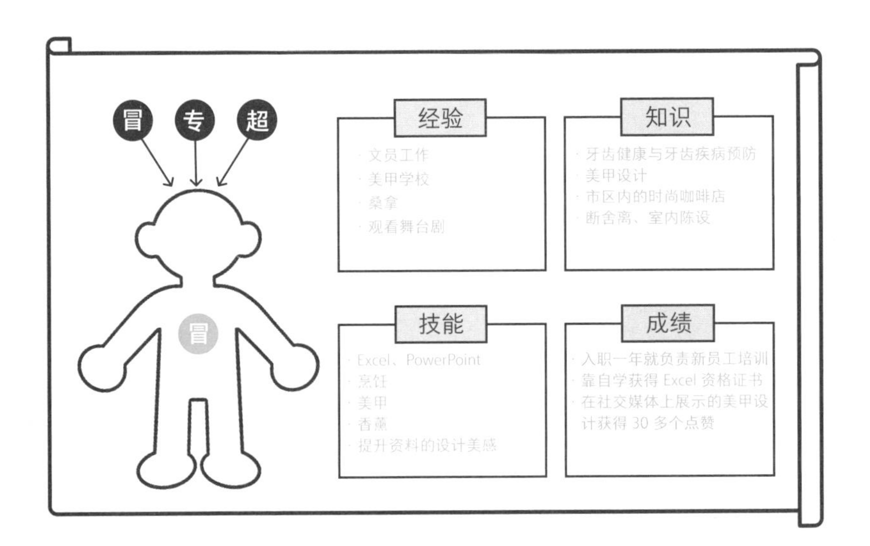


如此一来，你就成功地把自己的后天强项进行了可视化。从明天起，我们会从别的视角继续发掘你这位主人公的其他强项。

那么，别忘了给完成了今日练习的自己一点儿小小的奖励。辛苦啦！

我说，你是什么类型的？

我现在大概是冒险家型吧。我发现，如果有人邀请，我马上就能行动起来，而且不管什么事情都愿意尝试一下，应该比较倾向于获取经验吧。老姐你呢？

你行动能力的确挺强的。我发现自己今后想要往专家型的方向发展。

哦？没想到啊。为什么？

我的理想未来是成为能通过交谈来帮助对方打起精神的人，为了实现它，我需要不断积累经验和技能，也希望能做出一些成绩。比如说，我打算学习一些有关交谈方法的知识。

这样啊。你没有学过这方面的知识吗？

毕竟我现在是文员岗位，很难有深入学习这方面知识的机会。不过，在练习中回顾过去时，我想起自己在学生时代的社团活动中当过好几次主持人，应该算是积累了一些这方面的经验吧。

还有这么一回事啊，这我倒不知道。

是啊，只不过我之前不知道“经验→知识、技能→成绩”这一理论，没能好好利用这份经验。既然今天意识到了这个问题，我决定充分发挥这些经验，好好学习，争取把它们转化成知识！

这可真是太棒了。我以前也这样，有朋友提前拿到了企业的内定资格，我就会觉得“是这家伙原本就很有才能”。但是当我把所谓的才能分解成 4 个种类来看后，我才明白，人家也是经过不断地学习和练习才获得这样的结果的。而且我还发现，既然如此，我自己也可以通过学习来赶上别人，所以现在感觉特有希望！

确实啊。以前我总是倾向于认为自己没什么市场价值，考虑问题很消极，但事实上并不是这样的。现在我意识到，知识和技能都是可以根据自己的需要自由增加的，我觉得这还挺有趣的。

没错没错。一想到今后可以不断地增加自己的强项，我反而开始期待年纪的增长了。就算挑战做某些事情失败了，也能增加经验，或是从失败当中学到知识，也就是说挑战是一种增加强项的行为。这么想来，我发现自己的恐惧一下子就消失了。明天继续加油吧！

# 恭喜!!!

## 第 4 天成功过关！

- 后天强项是指后天所获得的特质，包括经验、知识、技能和成绩。
- 后天强项可以通过体验、学习、训练、钻研等方式增加。
- 后天强项能使自身更容易获得他人的信赖。
- 在面试或商务会谈等场合向他人展示自己时，应该展示的是后天强项，并附上“有根据的故事情节”。

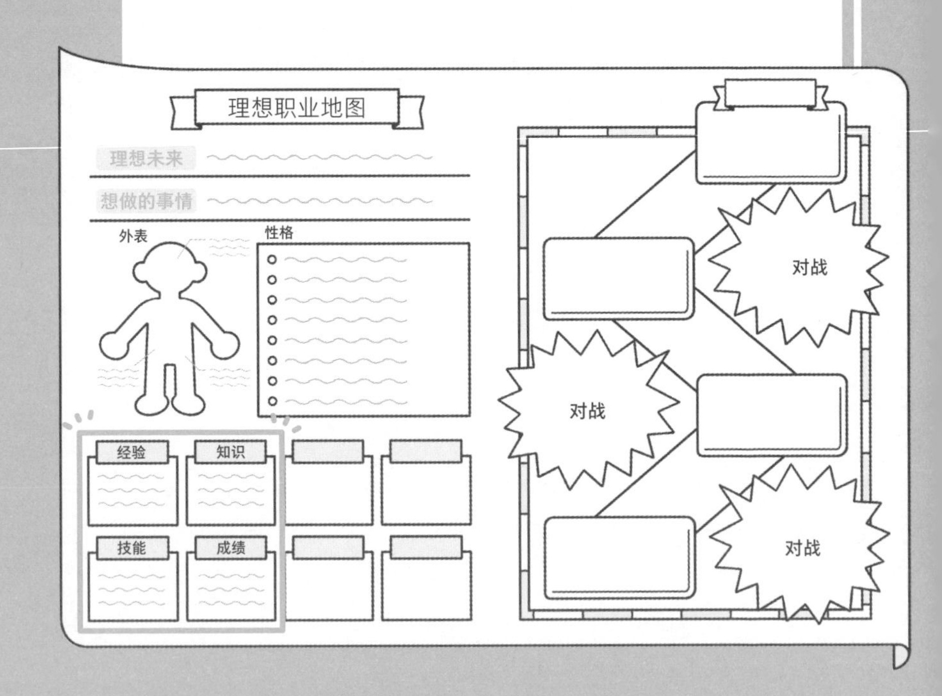

# 第 5 天

## 制作道具清单（资源强项）

DAY 5

哈喽，两位可好？我听说，你们已经变得非常积极乐观了？

哇，真稀奇！来得居然比我们还早。不过，确实像你说的，我们对未来的不安正在一点一点地消失。

哈哈，那可真叫人高兴。话说回来，游戏已经进行到第 5 天了，你们是不是感觉有点儿累了呢？

没有，我和老姐反而因为过度兴奋根本睡不着觉（笑）。

哎呀，这可不行呢。这种情况下……对了，是时候使用“协助道具”了。

协助道具？那是什么？

就是能帮助你们朝着理想未来飞跃一大步的强项。看样子你们还没找到吧？

啊，已经找到很多强项了，难道说我们还有其他强项吗?!

哈哈，回答正确。今天，你们的强项还会继续增加的。直白地说，今天的游戏就相当于教你使用隐藏技巧。它能帮助你们大幅提升冲向理想未来的速度。

之前的练习已经很厉害了，没想到还有更加厉害的隐藏技巧。

没错，有的强项因为本身的存在太过理所当然，大家反而没有看到。

看不到的强项?！啊，对了……说到游戏里的协助道具……是这样啊！我好像知道了！确实，只要有那个，就能大幅提升速度！

哦哦哦，你的意思是我梦想中的海外生活已经近在眼前了?！老姐，我们赶紧把那什么道具弄到手吧！

你等等，别跑那么快嘛！慢点儿！

DAY 5

# 制作道具清单

第5天

所谓道具，是指为实现理想未来你可以使用的时间、金钱、物品和人脉。这些都是你所拥有的宝贵资源。这些东西并非不可或缺，可一旦拥有，必定会成为你非常有用的道具。

MISSION

## “资源强项”是什么？

今天终于迎来了本书涉及的3类强项（先天强项、后天强项、资源强项）中的最后一类——资源强项的发掘。

· **先天强项**（外表、性格）。
· **后天强项**（经验、知识、技能、成绩）。
· **资源强项**←今天要寻找的。

所谓资源强项，包括如下几类。

**① 时间。**
**② 金钱。**
**③ 物品。**
**④ 人脉。**

这些都是能为你提供帮助并能令你接下来将要面对的迈向理想未来的挑战变得无比轻松的道具。

因为使用这些资源不仅能让你的身心恢复健康，还能帮助你增加新的强项。

就好比在电子游戏的世界里，有了恢复道具，你就能恢复在战斗中消耗的体力；有了金币，你就能购买更强大的装备，令战斗变得更加轻松；有了传送道具，你就能大幅缩短通往目的地的路程。

这在工作中也是一样的。我们总是会无意识地在日常工作中使用各种名为“资源”的道具。

如果有时间的话……

- 通过睡眠消除身体的疲劳。
- 尝试全新的体验或打磨自己的技能，从而增加经验、知识和技能。

如果有金钱的话……

- 通过参加培训班或讲座学习知识和技能，通过考证获得成绩，从而在当前的职场获得更好的评价乃至升职；这些同样也有利于跳槽或是从事副业。
- 如果对理想未来有必要的话，可以把金钱投资到对外表的改善上。
- 借助温泉旅行或是按摩来治愈身心，从而激发每日奋斗的动力。

如果有物品的话……

- 比如便于读书的电子书设备、长时间坐着也不让人感到疲劳的椅子、能用来听音频学习的无线耳机等，如果有了这些能帮助你集中精力学习的物品，就能提高你的学习效率，你也更容易获得新的知识和技能。

- 比如能分散身体压力的床垫、使人心情放松的精油等，如果有了这些能帮助你提升睡眠品质的物品，你就能有效地从疲劳中恢复，保持健康的状态，从而稳定地朝着目标奋斗。

如果有人脉的话……

- 能因此结识更多对自家公司产品感兴趣的顾客，从而获得金钱方面的回报。
- 能请对方传授给自己更多解决烦恼的知识。

**如果拥有这些资源，我们不仅能更好地恢复体力和精力，还能创造机会来有效增加其他强项。**

但是，如果我们根本没有注意到自己“拥有”这些资源，那么“使用”自然也无从谈起。

比方说，此刻正在你的书架中沉睡的书籍、过去的朋友、衣柜中的储蓄罐……这些你平时几乎忘记了的存在，或许恰恰能够帮助你找到自己想做的事情。

所以，为了能在关键时刻用上这些资源，让我们一起在游戏中将它们清楚地写成文字吧。

## 缺少资源时的应对方法

并不是说缺少了这些资源，我们就无法抵达自己的理想未来。

**不管是想方设法增加资源以实现理想未来，还是在不使用这些资源的前提下实现理想未来，其实都是可行的。**

不过既然提到了这个问题，这里就介绍一下缺少资源时的应对方法。

### 当你认为一种资源很有必要时，首先要想办法增加它

· **金钱很有必要**→通过节约、打零工、从事副业等方式存到目标金额的钱。

· **时间很有必要**→随口应承的像聚餐这类优先度比较低的事情，每个月可以少参加几次，从而挤出时间。

· **物品很有必要**→找亲戚朋友借，或是搞到二手的。

· **人脉很有必要**→尝试融入新的群体。

只要你愿意花心思，其实很多资源都是可以增加的。

所以，**当你认为一种资源对实现理想未来而言不可或缺时，就应该在一段时间内集中精力增加这种资源。**

## 从当下力所能及的事情开始做起

· **没有金钱**→通过 YouTube 或图书馆里的书籍学习生财之道。

· **没有时间**→请别人帮忙。

· **没有人脉**→自学；自己在社交媒体上寻找顾客。

像这样，无需资源或只需很少资源就能做到的事情是很多的。只要不断积累，同样能帮助你切实地接近自己的理想未来。所以就算缺少资源，也用不着感到害怕。

由此可见，我们应该将资源视作一种**锦上添花而非必不可少**的东西。

接下来，就让我们通过练习将你目前所拥有的资源进行可视化吧。

## 玩家体验谈

# 没想到我也有资源强项！

"好，让我来挑战一下副业吧。"曾经是上班族的我，为了实现自己心目中的理想生活，做出了这样的决定。

可我并没有从事副业的经验。对于当时初出茅庐的我而言，自己适合什么样的副业、具体要怎样才能赚到钱，这类知识我是完全不具备的。然而我又没有闲钱去报培训班或是创业课程什么的……另外，就算决定从事副业，从我自己身上也找不出能让他人感兴趣的成绩。

为此，可谓是"一无所有"的我当时极其烦恼，不知道从今往后该怎么办，也开始怀疑从事副业对自己来说是不是太困难了。

但是，当我学习了"把自己当下拥有的资源转化为强项"这一思考方式之后，我发现了一件事情。

那就是，虽然当下的自己并不具备从事副业方面的成绩或知识，但没准儿在我的朋友当中，就有对发展副业感兴趣甚至是非常了解的人。

还有就是，虽然不知道对方对副业了不了解，但我认识一位人脉很广的朋友，他一直在给我介绍各种各样的人。如果找他帮忙，说不定他能给我介绍一些了解这方面知识的人。所以，当看着手机里的通讯录时，我感觉找到了从事副业的希望。

也就是说，哪怕我认定自己什么都没有，至少也有人脉，他们能在我挑战副业的道路上提供某些形式的帮助。

这样一想，那个因苦恼于“自己什么都不懂，不知道该做什么，今后恐怕凶多吉少”而束手无策的自己消失了。我开始相信，自己有着周围环境的眷顾，挑战副业肯定能成功。于是我也变得自信起来，并且终于能够往前迈出第一步了。

这就是所谓的明明拥有、平时却完全注意不到的“小小资源”。上文是个很好的例子，它告诉我们，只要能发现这样的资源，就能将其转化为前进的助力。

如今这个时代，只要使用社交媒体，就能很轻易地收集情报、建立人脉。借此找到自己的强项当然最好，但哪怕只是拓宽了自己的视野，也能够不断地为自己的未来提供新的可能性。

# 5-1

## 整合资源强项

下面请你通过填空、回答问题等方式，筛选出自己的资源强项。

·工作日用在想做的事情上的时间：　　小时 / 日
·休息日用在想做的事情上的时间：　　小时 / 日
（合计：　　小时 / 周，　　小时 / 月）

·储蓄中用于想做的事情的金额：　　元
·收入中用于想做的事情的金额：　　元 / 月

环顾你的房间，如果找到了能令自己发生下面 5 种变化的物品，请把它们写下来。
·恢复体力 / 精力：
·增加时间：
·增加金钱：
·增加人脉：
·增加后天强项（经验、知识、技能、成绩）：

· 支持你去做想做的事情的人是？
· 关于你想做的事情，有谁比你了解得更多，或者你想要咨询谁的意见？

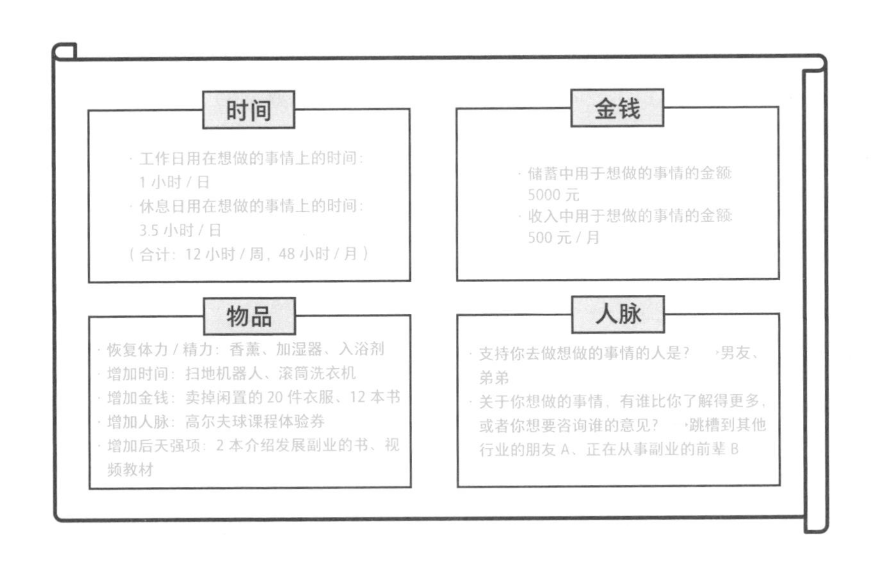


到这里，你感觉如何？在这 3 天当中，你的强项应该不断被发掘出来了。并且，今后你的强项肯定还会继续增加，所以有机会的话不妨多进行几次自我分析练习，把它们也一起写下来。

明天开始，你就可以在练习中正式制作能充分发挥你的强项、助你实现理想未来的“理想职业地图”了。

那么，别忘了给今天努力练习的自己一点儿奖励哦。辛苦啦！

呀，感觉今天的话题还真是个盲点……我以前从没想过资源也会是一种强项。

老姐，你有什么能用得上的资源吗？

我的话，首先能想到的就是钱了吧。以前我买衣服从不考虑打折，乱买一通，结果还都不合身。重新审视了自己之后，我觉得完全可以把这笔钱花在想做的事情上，于是赶紧买了几本跟求职或发展副业有关的书。

哦？对老姐来说，行动这么迅速真是少见！

是啊。还有，说到人脉，我有一个朋友，上个月跳槽到完全不同的行业去了，我打算联系一下她，跟她打听打听消息。你呢？

我也突然想到，大学里的一位学长如今在贸易公司工作。我在想要不要问问他关于求职的事情。

挺好哇！正是因为你知道了人脉也是一种强项，才会想起这些学长、学姐来呢。

另外，我还打算重新检查一下自己拥有的物品。以前买的一些游戏软件和其他用不上的东西，我觉得都可以卖掉换钱，当作今后出国旅行的资金先存起来。

真了不起！而且这也算是断舍离了，可以说是一举两得。

对了，我还意识到自己可以更有效地利用时间。一直以来，工作日的晚上，我在睡觉之前的一个小时里总是无所事事地刷手机、看视频。我打算先把这一小时用来读刚才说到的我买的那些书。

老姐，我觉得你真的变了呢。啊，当然是在朝着好的方向变。不过也是，像这样一旦明确了目标，认定这就是为实现理想未来而做的事情，那么对时间和金钱的认识都会发生变化呢。

真的是这样。老实说，之前一直觉得工作日非常无聊，只有休息日才能开心一点儿，但现在觉得，不管是工作日还是休息日，日常行动都和理想未来紧密相连，这还挺让人激动的呢！

虽说是当作游戏在玩，但它又和手机游戏不同，它增加的是现实生活中的自己的强项，想来挺不可思议的。

确实是的。没想到自己竟然有这么多强项，光是看着这些，就感觉动力满满。明天也尽情享受吧！

# 恭喜!!!

## 第 5 天成功过关！

- 资源强项是指“时间、金钱、物品、人脉”。
- 拥有资源强项，不仅有利于恢复身心健康，还能有效增加获得其他强项的机会。
- 即使缺乏资源强项，也有办法增加它，或是在不使用它的前提下实现理想未来，因此把它看作一种锦上添花的东西就好了。

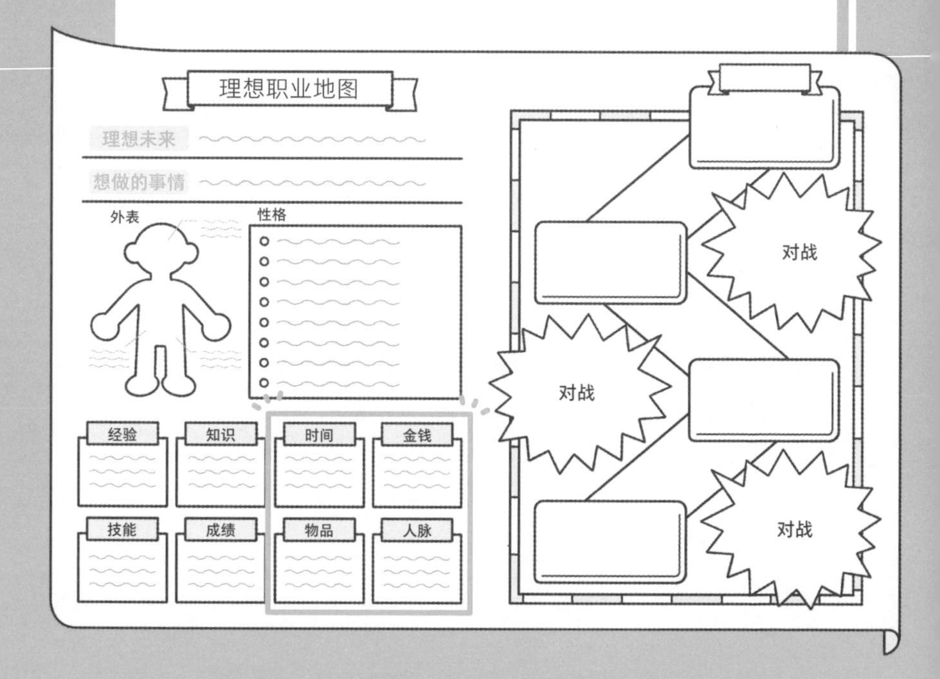

# 第 6 天

## 设置终点、中间节点和主线任务，制作“理想职业地图”

DAY 6

你听我说啊，昨天我跟之前提到的那个跳槽的朋友通了电话，她现在好像特别享受自己的生活。这让我更加迫不及待地想要实现理想未来了。

哇，我懂你。原来我对求职一直不是很上心，现在却觉得心里痒痒的，很想马上行动起来。

可说起来，具体要怎么行动才能切实实现理想未来呢?

嗯……总之，老姐你就是找朋友咨询或者通过看书来收集跳槽或发展副业方面的信息吧?剩下的就是直接开干什么的?

话是这么说，但是要做的事情有很多啊，感觉很难踏出第一步……

确实，我也是，要想拿到内定资格，需要做的事情可太多了……

哈哈，你们之所以会这么想，显然是因为当前所在地距离终点太远了。

哇?!吓死我了!你每次都是从哪儿冒出来的呀?!

当前所在地距离终点太远……说起来的确是这么回事。毕竟就是很远嘛。

关于抵达理想未来，每一步该怎么前进，你需要的是一份有着明确的路程和距离的地图。你们现在其实还没把这份地图弄到手呢。

这样啊，是因为我只是茫然地打算尽快跳槽、尽快做副业，却没有制订好具体的行动计划，所以才不知道该怎么行动吧。

正是如此。在今天的游戏里，你们将学习如何画出这份地图。

……啊！难不成，这个地图是指你一开始交给我们的那张“理想职业地图”？

原来这份地图是要自己画出来的呀！

哈哈，你们终于发现了。没错，是时候由你们亲手制作这份“理想职业地图”了。

你们的游戏旅程也接近尾声了呢……哈哈，那么，祝你们今天也玩得尽兴！

DAY 6

# 设置终点、中间节点和主线任务

第 6 天

从今天开始，我们将专注于画一张精巧的地图，帮助你在做想做的事情的道路上毫不迟疑地一往无前。那么，该怎么做才能把这款游戏玩通关呢？从现在起，由你和你自己举行的作战会议开始了。

MISSION

## 制作“理想职业地图”！

在前面的5天时间里，你一直在学习如何面对自己。那么，相较于5天之前，你是否感觉对自己的理解程度更加深入了呢？

从今天起，为了通关这个游戏，我们将开始进行作战会议。请你继续一边享受游戏一边推进通关进程吧！

为了顺利抵达理想未来，我们需要一份“从当前所在地通往终点的地图”。

没错，这份通往理想未来的地图，正是你这些天在游戏中不断填充、完善的“理想职业地图”。

也就是说，从现在起，你要做的是把你在之前的练习中发现的现在的自己通往理想未来的路程落实为具体的计划。

如果你想要一张通往理想未来的地图，一张能直达终点并且有着很高精确度的地图当然最好。要是有可能，这份地图还要能圆满地实现你的梦想。

## “圆梦地图”的 5 个条件

“圆梦地图”需要具备以下 5 个条件:

① 当前所在地是明确的。

② 在通往终点的路途中设置了中间节点。

③ 通往中间节点的必须要做的事情是明确的。

④ 途中会遇到的危险已经提前在地图上标注了出来。

⑤ 有清楚的避开危险的方法。

具备了这 5 个条件的地图，既不会令你中途迷失，也不会让你被意想不到的敌人阻拦，可以说是能最大限度地帮助你实现理想未来的神奇地图。

为此，今明两天，我们要做的是不断提高这份通往理想未来的地图的精确度。

首先，在今天的练习中，我们先来凑齐“圆梦地图”的前 3 个条件（“当前所在地”、“终点”和“中间节点”、“必须要做的事情”）吧。

你可以把这 3 个条件和电子游戏做类比:

· 终点 = 通关。

· 中间节点 = 存档点[1]。

· 必须要做的事情 = 主线任务。

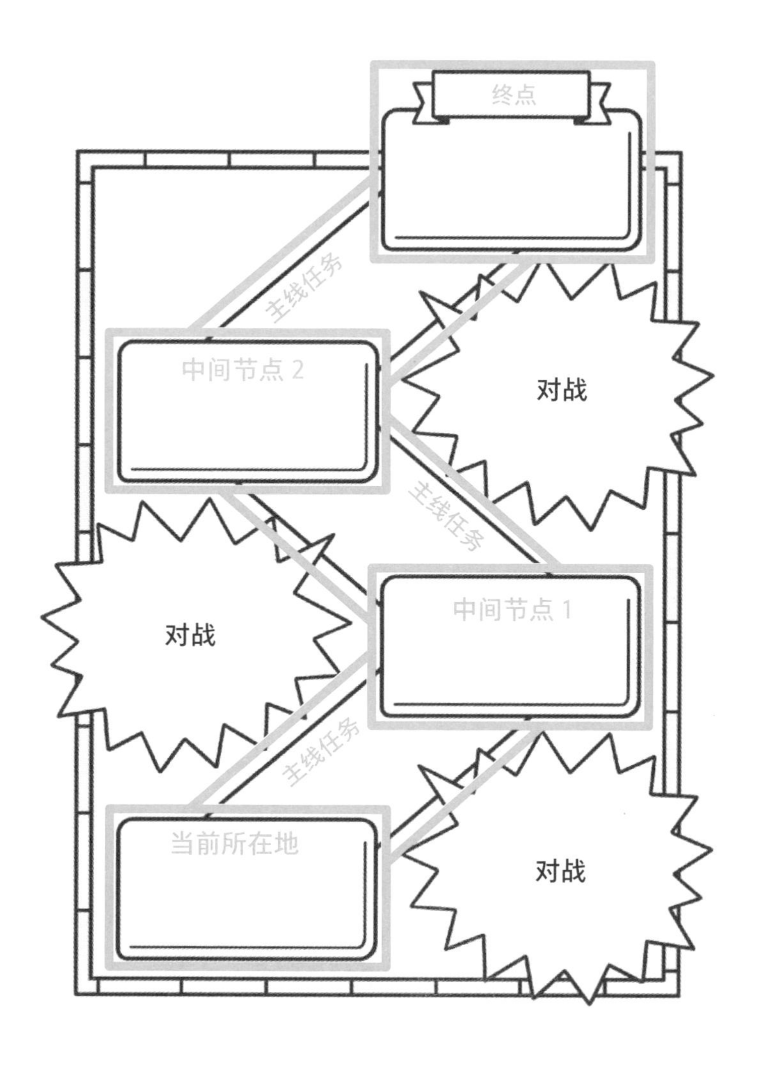


1 即可以储存当前游戏进度的节点。在有些电子游戏中，玩家只有抵达特定的节点才能储存游戏进度，因此这里被用来比作中间节点。

玩家体验谈

## 决定好终点、中间节点和主线任务后开始行动

我曾经是一名合同工。为了提高收入，我想过努力考证。虽然当时已下定决心，但每天实在是太忙了，根本无法坚持学习，我感到非常受挫。那段时间我每天都很消沉，觉得自己的意志力太薄弱了，明明想努力却又怎么都努力不起来……

某天我突然意识到，我的问题并不在于意志力薄弱，而是抵达终点的难度太高了。当时我一心想要考取合格的成绩，所以给自己定下的目标是“完全背下 3 本教材”“坚持在 2 个月内每天学习 3 小时”等。现在想来，这些目标根本没几个人能达成。

于是，我尝试在抵达终点的过程中设置中间节点。具体来说，就是像“坚持在 7 天内每天学习 10 分钟”“选出最重要的一本教材先读一周，哪怕忘记内容也无所谓”这类小目标。而为了实现这些小目标，我定下了自己的“主线任务（必须要做的事情）”，也就是“在下班后乘电车回家的这 10 分钟内一定要打开教材，一直读到电车抵达离家最近的车站”。

过去的我，因为“每天学习 3 小时”这个目标的难度实在太大，总是迟迟无法坐到桌子前学习。但自从设置了中间节点后，惊人的变化出现了：从坚持每天学习 10 分钟开始，我深刻地感受到了一种自我认同感；相比过去总是制订高难度的目标而受挫，并因此陷入自我否定，当下这个坚持努力学习的自己让我倍感欣慰。

不仅如此，这短短 10 分钟的学习习惯的养成，也提升了我的动力，哪怕是回到家之后，我也会想着“再学 10 分钟”“再看 5 页书”，自然而然地就把教材翻完了。

自此以后，随着学习的习惯化，以及达成小目标给我带来的喜悦，我在学习方面变得越来越积极主动。仅仅是改变设置目标的方式，就能让我产生如此大的变化，实在是让人惊讶。

她之所以能产生如此天翻地覆的变化，正是因为在终点之前设置了中间节点，从而清楚地感受到了向前哪怕只是迈出一小步的效果。

## 6-1

# 确定当前所在地（出发地点）

首先尽可能详细地将“当前的状况”写下来。这样做的话，如果你在取得重大成果之前就已经感觉自己的动力在衰减，那么就可以借此来告诉自己，相比出发之时，自己其实是有所进步的，而这本身就足以成为一股巨大的动力。

【助你确定当前所在地的问题】

1 今天是你着手做自己想做的事情的第几天?

※ 如果还未着手去做，可以填第 0 天。

2 现阶段你想做的事情取得了怎样的成果，请用具体数字写出来。

※ 如果还未着手去做，可以填 0 元、0%、0 件等。

3 对想做的事情，实话实说，你现在抱着怎样的感情?

< 当前所在地（今天 = 第 0 天）>

还未开始寻找新工作。应聘了 0 家公司，简历被 0 家公司通过，获得了 0 个内定资格。

能否凭自己的资历提升收人，对此我感到非常不安。

# 6-2

# 确定终点和中间节点

接下来要设置的是终点和中间节点。

用前面提到的电子游戏来比喻，就是“终点 = 通关”“中间节点 = 存档点”。

当然了，相比远在天边的终点，首先我们要一步一个脚印地以中间节点为目标前进，以此来维持自身的动力。

设置终点和中间节点的要点在于，明确目标与期限。

本书推荐大家以“3 个月”“1 个月”“1 周”为期限。“3 个月”作为一个整体的时间段，不长也不短，适合绝大多数目标。

接下来，为了确保把这 3 个月坚持下去，我们必须使行动习惯化。因此最开始的 1 周到 1 个月内的行动管理尤为重要，我们可以有意识地把抵达中间节点的时间设置得短一些。

但话又说回来，想做的事情或理想未来不同，合适的时间段自然也不相同。因此具体期限的设置以及中间节点的数量按照你自己的想法来调整也是可以的。

【助你确定终点和中间节点的问题】

1. 想做的事情做 3 个月后，你希望达到什么样的状态？请把你的回答填在“终点”的方框中。

2. 想做的事情做 1 个月后，你希望达到什么样的状态？请把你的回答填在“中间节点 2”的方框中。

3. 想做的事情做 1 周后，你希望达到什么样的状态？请把你的回答填在“中间节点 1”的方框中。

| 要点 | 设置目标时要注意“具体性”，最好能用数字表示。因为这样做的话，后面回顾的时候，你能很清楚地看到自己有没有实现目标。 |
| --- | --- |

< 中间节点 1（1 周后）>

开始找新工作，已经给 10 家以上的公司投了简历。

---

< 中间节点 2（1 个月后）>

获得了 1 家自己有意向的公司的内定资格。

---

< 终点（3 个月后）>

已经适应了入职的新公司，完成了公司下达的任务目标。

月收入相比过去成功提升 3 万日元。

# 6 - 3

## 确定主线任务（应该要做的事情）

设置完中间节点后，终于要开始设置通往中间节点的主线任务（应该要做的事情）了。

下面让我们先来确定通往中间节点的具体行动目标吧。

【助你确定应该要做的事情的问题】

1. 为了能在 1 周之后抵达“中间节点 1”，你应该采取怎样的行动?

2. 为了能在 1 个月之后抵达“中间节点 2”，你应该采取怎样的行动?

3. 为了能在 3 个月之后抵达“终点”，你应该采取怎样的行动?

<当前所在地（今天 = 第 0 天）>
还未开始寻找新工作。应聘了 0 家公司，简历被 0 家公司通过，获得了 0 个内定资格。
能否凭自己的资历提升收入，对此我感到非常不安。

↓主线任务①：在求职网站上注册账号，根据理想未来的自我分析结果，筛选出 10 家自己有意向的公司。

↓主线任务②：制作 10 份简历，并投递给这 10 家公司。

< 中间节点 1（1 周后）>
开始找新工作，已经给 10 家以上的公司投了简历。

↓主线任务③：参加面试。

< 中间节点 2（1 个月后）>
获得了 1 家自己有意向的公司的内定资格。

↓主线任务④：接受内定资格，办理上一家公司的离职手续。
↓主线任务⑤：办理新公司的入职手续，完成新员工培训。
↓主线任务⑥：完成新公司下达的业务目标。

< 终点（3 个月后）>
已经适应了入职的新公司，完成了公司下达的任务目标。月收入相比过去成功提升 3 万日元。

现在，你感觉如何呢？你 3 个月后的状态，以及为此所需要的具体行动和期限都已经确定下来了，那么从当前所在地通向理想未来的道路也应该变得很清晰了吧？

我想，这份地图一定能够成为你强有力的伙伴，陪伴你成功走到终点。

这太厉害了。原本觉得远在天边的理想未来，一下子变得近在眼前了。我甚至都感觉能看到 3 个月后拿到目标公司内定资格的自己了!

我也是，我也是！既然已经确定了理想未来，还发现了自己的强项，接下来要做的就是制订具体计划并落实了。

是啊。还有，明确设置中间节点的说法挺让人豁然开朗的，我以前根本没想过要做这件事。

我也一样。以前就算我下定决心制订全新的目标，也总是因为目标太过遥远，中途就感到绝望，觉得目标太远根本实现不了……像这样的情况都不知经历过多少回了。

真是这样的。所以在设置中间节点后，想到只要在接下来的 1 周时间内朝着它冲刺就可以了，心里就能轻松不少。我呢，决定这周去社交平台上找那些已经实现了自己理想未来的学长，以学弟的身份咨询一下，看能不能打听出更多真实情况来。

你真是太棒了！打听完了也说给我听听。说起来，明天就是游戏的最后一天了，我很期待看到自己最终能完成一份什么样的地图!

# 恭喜!!!

## 第 6 天成功过关!

- 为了抵达理想未来，你需要一份从当前所在地通往终点的地图。
- “圆梦地图”的必备条件是：①当前所在地是明确的；②在通往终点的路途中设置了中间节点；③通往中间节点的行动是明确的；④知道会在途中遇到什么危险；⑤知道避开危险的方法。
- 具备了这 5 个条件的地图，就能够令你的理想未来变成现实。

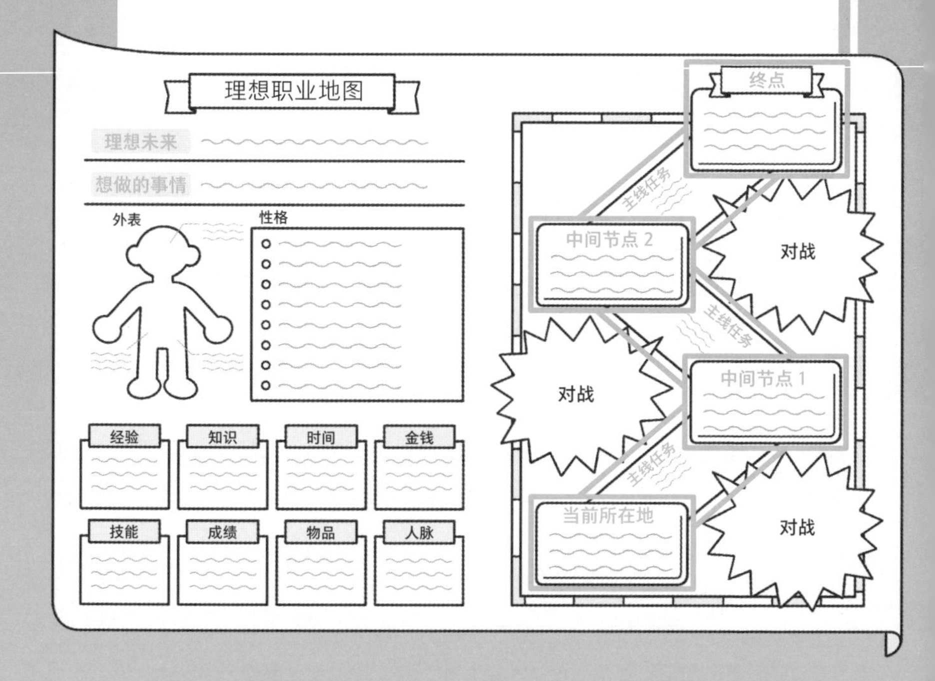

# 第 7 天

写下强项、敌人及隐藏任务，
完成“理想职业地图”

DAY 7

看着刚开始一片空白的“理想职业地图”变成现在这张特别详细、具体的通往理想未来的地图，我感觉挺开心的。

真是这样的。之前那个姐姐还提到过这张空白的纸是游戏的门票来着。当时在那家咖啡店里接到参加游戏的邀请，我真的是吓了一大跳……

啊，那时我正连续面试多次都没通过，觉得未来一片黑暗，心里格外失落。

好像是这样的。当时我也处在不知道今后的人生该如何是好的时期，很郁闷。

说起来不过是一周之前的事情，但我现在的心境完全不同了，反而有点儿怀念那时候的感觉了呢。

毕竟我们现在对自己发自内心想要追求的理想未来和想做的事情，都已经很清楚了。

没错，而且我们还发现了不少自己的强项！之前在面试当中，我还什么都说不出来呢……

这么想来，正确的自我分析真的很有用啊。我有一种终于认识了“真正的自己”的感觉。

现在我们已经拿到了专属于自己的地图，也知道该采取什么样的具体行动来切实地改变人生，真是太好了。

咦？我就说怎么这么安静呢，今天那位姐姐没出现呢……

呀，还真是。换作平时的话，她早就冒出来了，还会笑我们“你们还缺这个呢”。难不成……我们再也见不到她了？

但是这个“理想职业地图”真正完成要等到下面的游戏结束……也许我们顺利地制作完地图，就能见到那位姐姐了？

可能是的。既然这样，现在我们能做的就是把这张地图好好完成了。

……好，加油干吧，然后再到她面前向她汇报成果！

DAY 7

# 完成“理想职业地图”

第7天

为了完成地图，他们还需要完成“强项”“敌人”“隐藏任务”这三项内容的填写。他们二人究竟能否顺利获得助自己实现梦想的“理想职业地图”呢？正在看这本书的你呢？我也很期待看到你那份在本章结束后将要完成的“理想职业地图”。

MISSION

## “理想职业地图”的收尾工作

“理想职业大冒险”终于来到了最后一天。

看着昨天画的“理想职业地图”，感受着实现梦想的方法变得比以往任何时候都要清晰和具体，想必很多人都会为此兴奋不已吧。

但是……别着急。其实这份“理想职业地图”并没有真正完成。

为了进一步提升成功抵达终点的概率，我们还需要准备一些压箱底的策略。

在最后一天的今日，让我们一起来学习制订作战策略的方式，然后将它们写进地图，完成这份专属于你的“理想职业地图”吧。

在此之前，我们先来复习一下第 6 天的内容。“圆梦地图”的必备条件包括以下 5 项：

① 当前所在地是明确的。

② 在通往终点的路途中设置了中间节点。

③ 通往中间节点的必须要做的事情是明确的。

④ 途中会遇到的危险已经提前在地图上标注了出来。

⑤ 有清晰的避开危险的方法。

其中①到③的内容我们昨天已经填入了“理想职业地图”中。

今天，为了完成“理想职业地图”的制作，我们将处理接下来的两项：

④ 途中会遇到的危险已经提前在地图上标注了出来。

⑤ 有清晰的避开危险的方法。

进行到最后这两道工序，意味着你已经开始制订一份真正适合你的地图的策略了。

## 适合自己的策略才更容易落实

这里唐突地问一句，你有过下面这种经历吗？

下定决心要通过节食减重 3 千克，
为此制订了“1 个月不吃零食”的行动目标，
然而……还是忍不住吃了零食，
减重 3 千克的目标最后没能达成……

你看完上面的内容是不是心里“咯噔”了一下？有这样反应的人想必很多都有着完全相同，至少是非常相似的经历吧。

就像这样哪怕设置好了明确的终点，也明白为此要采取哪些具体的行动，我们还是会不时地遭遇挫折，最终无法抵达终点。这样的例子绝不在少数。

这究竟是为什么呢？

理由很简单。因为没有制订适合自己且切合实际的策略。

就拿前面减肥的例子来说，对一个原本很喜欢吃零食的人来说，要让他坚持 1 个月不吃零食，光在口头上下定决心是远远不够的。

也就是说，如果相应的策略不适合自己也不切合实际，你就会陷入一种“脑袋明白了，身体却无法行动”的陷阱当中。

## 设定敌人和强项

那么，我们该怎样制订既适合自己又切合实际的策略呢？

从结论来说，只要按照如下 3 个步骤来制订策略就能解决这一问题。

① 提前假设会遇到怎样的敌人。

② 决定选用自己的哪一种强项来迎敌。

③ 当敌人出现时，用事先决定好的强项来击退敌人。

继续用前面减肥的例子来说就是：

① 自己会习惯性地在工作后通过吃巧克力来缓解压力 ← 敌人。

② 查询减肥知识，了解糖分摄入过多是导致肥胖的一大原因 ← 选用名为“知识”的强项。

③ 工作后可选择糖分含量更少的高可可巧克力做零食，从这一点入手开始减肥 ← 击退敌人。

通过这种方式改变策略的话，你的策略才会更加切合实际。你也可以采用这样的策略：

① 自己一到半夜就想吃东西 ← 敌人。

② 办理健身房的会员，工作结束后稍加运动 ← 选用“金钱”“时间”等强项。

③ 累到筋疲力尽，一到晚上 10 点就能睡着，以此避免食欲的侵袭 ← 击退敌人。

总之，最重要的是，**充分发挥自己到目前为止所发掘的强项，制订击退阻碍目标达成的敌人的具体策略**。

只要能做到这一点，就能避免陷入明明制订了完美的行动目标却依旧遭遇挫折的窘境。

我想到此你应该已经明白了，为了实现理想未来，制订既适合自己又切合实际的策略是多么重要。

## 发挥强项须运用“2 轴思维”

到目前为止，你已通过将强项分解为如下 10 个要素帮助自己找到了自己的强项所在。

那么，要怎样才能发挥这些强项的作用呢？

首先我们需要认识到，发挥强项其实可以分为两种情况：

外表、性格、经验、知识、技能、成绩、时间、金钱、物品、人脉，这些你所拥有的特质，到底要对谁使用？这才是问题的关键所在。

比方说，如果你的目标是升职，为了给人一种知性优雅的印象，你选择从外表着手来提升自己的形象。

那么，如果你将自己的这一强项对他人发挥，会是怎样的情况呢？

想来你会更容易得到上司或下属的信赖，承担更多的工作，或是受到顾客的青睐，成为他们倾诉的对象，从而距离自己的升职目标更近一步。

如果你将外表强项对自己发挥，又会是怎样的情况呢？

看着自己知性优雅的样子，也许你的内心会因此而涌出动力，你的行为举止也会随之变得文雅起来，下班后没准儿还会想着去书店走一走。这些变化都是有可能发生的。（有一类人在尝试新鲜事物时，总是喜欢先把相关的东西准备好，从形式上着手，想必也是基于同样的道理。）

当然这只是一个例子，但不管是什么特质，都是一样的。比如：

**将慎重的性格……**

**对他人发挥**

→承接一些需要仔细确认的资料整理工作；负责指出项目的问题；对自己购买的商品或服务进行细致的比较和评价，并将结果发布到博客上扩大影响……

**对自己发挥**

→凡事都认真做调查，从而减少自己的担忧，并将之转化为行动的原动力。

将有关食品、健康的知识……

**对他人发挥**

→根据他人的健康问题推荐相应的商品。

**对自己发挥**

→令自己的身体更加健康，成为实现理想未来的助力。

将金钱……

**对他人发挥**

→通过赠送礼物，获得更加稳固的人脉。

**对自己发挥**

→用于恢复体力和精力，或进行自我投资以增加知识。

由此可见，**这 10 类强项的使用方法并不只有一种；对象不同，使用方法也不尽相同。**

并且，越是不断尝试各种发挥自身强项的方法，你抵达理想未来的速度就越快。

为此，我们应当谨记，发挥强项时要时刻保持对他人和对自己的“2 轴思维”。

说得再具体一点就是：

不管是什么特质，我们都要思考**是让其为他人所用，还是使之转化为自己行动的原动力**。

总而言之，**“强项 = 能够有效辅助目的达成的特质”**。因此，只要是有助于你达成目的的特质，不管是对他人使用，还是对自己使用，都应该不断地发挥其作用。

## “乘法思维”——多个强项可以同时使用

除此之外，我们还应该具备“乘法思维”。简单来说，就是将多个强项如同做乘法一样结合起来使用。

将多个强项如同做乘法一样结合起来使用，能够产生很多好处：

- 对他人发挥时，能提升自己的稀缺性。
- 对自己发挥时，能提升自己的行动力。

首先来解释一下什么叫“对他人发挥时，能提升自己的稀缺性”。

比方说，假设你的目的是“利用自己的写作技能发展副业，赚取1万日元”。

这时，单纯地在副业类网站上写作可能谁都能做到。

可是，如果你同时还拥有别的强项，比如“拥有抚养孩子的经验”“拥有关于儿童娱乐场所的知识”“掌握能帮孩子克服挑食毛病的食谱”，又会是怎样的情况呢？

显然，将你拥有的写作技能和有关抚养孩子的知识结合起来，你就能摇身一变，成为一名“精通育儿知识的写手”。

如此一来，你的特质会更加引人注目，从而会有更高的概率接到撰写相关题材文章的工作。

这是因为，**相对于“能够写作的人”的数量，“能够写作，同时具备关于抚养孩子的知识的人”的数量明显较少，从而使其稀缺性大幅提升**。

再比方说，以面试场景为例，相比“拥有销售经验的人”的数量，“拥有销售经验，并且擅长数据分析的人”的数量会少很多。

同理，“拥有销售经验，擅长数据分析，并且在新商品策划方面取得过成绩的人”的数量就更少了。

这就意味着，多种强项相乘，会自然而然地产生差异化，创造稀缺人才。

另外，在对自己发挥强项时，多种强项相乘也有着提升行动力的作用。

拿前面的例子来说，假设你为了达成“通过副业赚到 1 万日元”这一目标而选择学习写作。

这时，如果你还想发挥自己“短时间内集中处理事情”的性格优势的话，就可以选择参加那种在 1 个月时间内集中授课的讲座。

同理，如果你是“在竞争环境下更容易被激发斗志”的性格，也可以充分发挥这种性格优势，去参加那种包含竞争元素的讲座；如果你是“有亲朋好友共同参与更容易被激发斗志”的性格，则可以邀请自己的家人或朋友一起参加。这些都能不断增加你行动的原动力。

也就是说，越是对自己使用自己所拥有的多种特质，就越能够提升行动力。

这样做的结果是，你实现理想未来的效率和概率都会不断提高。

## 强项不够怎么办？
## 危急时刻的隐藏任务

现在，我们已经了解了发挥强项的方法。让我们把话题转回具体如何制作“理想职业地图”上。

前面说到，我们需要提前预测可能会遇到哪些敌人，并决定使用怎样的强项来迎敌，但是有时不免会出现想要使用的强项自己并不具备或不够用的问题。

比方说，你想要努力减肥，但是遇到了这样的问题：

下班后没法去健身房
（时间或金钱不足）

吃惯了巧克力
虽然想用其他东西取代，但不知道换成什么好
（知识不足）

尤其是当目标设定得很高时，必定会出现凭借自身现在所拥有的强项无法打倒敌人的情况。

这种时候，我们就需要悄悄地设定隐藏任务！

所谓隐藏任务，是指为了弥补强项的不足而采取的行动。

相比朝着目的地笔直进发的主线任务，这些行动会稍稍绕一些弯路，所以才被称作“隐藏任务”。

拿刚才的例子来说，如果你面临的问题是“下班后没法去健身房（时间或金钱不足）”，那么就可以制订“通过提高工作效率，省出 1 小时的加班时间用于健身”这样的隐藏任务，又或者是“把每天中午的外出就餐改为自带午餐，从而省出去健身房的费用”这样的隐藏任务。

如果你面临的问题是“吃惯了巧克力，虽然想用其他东西取代，但不知道换成什么好（知识不足）”，那么就可以制订“调查一下有没有那种吃了不容易发胖的零食，以增加相关的知识”这样的隐藏任务。

像这样，我们首先需要增加那些对理想未来而言是必要的或是有利于实现理想未来的强项。这正是作战策略的一环。

你在迈向自己所描画的理想未来的途中，一定会遭遇各种意想不到的敌人。

为此，你需要事先制订好使用怎样的强项来迎敌的策略，并且为了避免身陷万一会发生的危机状况，还需要进一步提前规划好增加强项的隐藏任务。如果能做到这些，那么几乎所有的事情便都处在你的意料之中，而你则可以像真正地玩游戏一样，一边尽情享受，一边朝着自己的人生目标大步前进。

到昨天为止，你手中的这份“理想职业地图”乍看之下已经画出了完美的路线，似乎非常完备。

但是，正如本章想表达的，如果这份地图并不适合你，那么你也无法按照地图上的路线顺利前进。

因此，作为最后的收尾工作，今天我们要设置好敌人、强项及隐藏任务。请根据练习的要求，在“理想职业地图”中依次填入“敌人”“强项”和“隐藏任务”吧。

如此一来，一张适合且专属于你的“理想职业地图”才算定制完成。

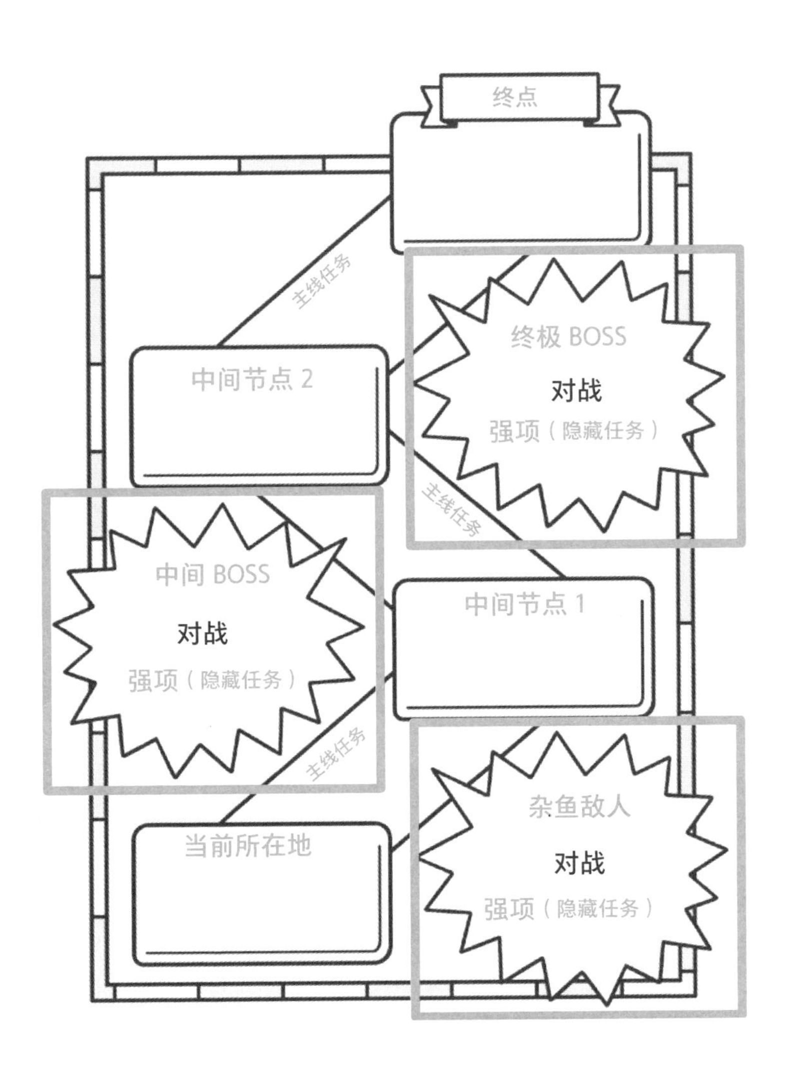
终点
主线任务
终极 BOSS
对战
强项（隐藏任务）
中间节点 2
主线任务
中间 BOSS
对战
强项（隐藏任务）
中间节点 1
主线任务
杂鱼敌人
对战
强项（隐藏任务）
当前所在地

玩家体验谈

## 设置好敌人、强项和隐藏任务后，实现梦想的速度会加快！

为了实现理想未来，我考虑过从现在的公司辞职，独立创业。多年来，我一直在公司担任工程师一职。但我本身性格比较多虑，总是处在一种过度思考的状态当中，因此担心自己独立创业之后难以维持生计。随着这种担忧的心理状况不断持续，我越发软弱起来，觉得独立创业这件事情对自己而言为时尚早。

也就是在这段时间内，为了整理思绪，我尝试着事先预想会有怎样的敌人出现。我所关注的问题是：如果自己选择了独立创业的道路，具体将会遇到怎样的困难？

我得出的答案有：可能无法获得工作订单，承接下来的工作可能无法满足顾客的需求，等等。

但是，当我再去看通过自我分析练习得出的强项清单时，我发现自己当下可以立即使用的强项以及应该增加的强项变得清晰起来。

“第一个顾客，我可以请前同事△△或是○○为我介绍

（人脉）。就算这条路行不通，我也可以参考由独立创业的工程师撰写的书（知识）！”

“为了能让今后承接的工作令顾客满意，我可以在目前的工作中主动接触一些增长见识的新领域的工作（知识）。当然，为了能够应对更广泛的委托，从现在起我也需要报名一些培训班来提升自己的技能（技能）。”

通过事先预想会有怎样的敌人出现，我不仅成功地发现了自己可以运用的武器，也明白了哪些武器是自己缺少并需要在未来主动获取的。

我认为，这种思维方式毫无疑问能够加快实现梦想的速度。

对于顺利创业从而实现理想未来的他而言，挑战的勇气可以说是从他对敌人和强项的具体预测中萌生出来的。并且，一旦预测了自身的不足之处并提前想好对策，那么在挑战过程中即使碰壁，也在自己的意料当中。由此可见，这无疑是一种能够让我们摆脱担忧、一往无前的秘诀。

# 7-1

## 预测你的敌人

1. 在进行主线任务 1 的途中，你觉得自己会遭遇怎样的敌人？请把它写在地图上的“杂鱼敌人”一栏中。

2. 在进行主线任务 2 的途中，你觉得自己会遭遇怎样的敌人？请把它写在地图上的“中间 BOSS”一栏中。

3. 在进行主线任务 3 的途中，你觉得自己会遭遇怎样的敌人？请把它写在地图上的“终极 BOSS”一栏中。

※ 敌人的名字可以取得有趣一点儿，建议参考回答示例，如“遭遇 ×× 大危机”“×× 怪兽出现”等。相比“×× 问题”“×× 敌人”这类严肃的名字，这样的名字更能像游戏一样让人乐在其中。

# 7-2

## 决定用什么强项来迎敌

1. 面对杂鱼敌人，你选择用什么强项来迎战？请选择 1～3 个强项，填入地图相应的位置。

2. 面对中间 BOSS，你选择用什么强项来迎战？请选择 1～3 个强项，填入地图相应的位置。

3. 面对终极 BOSS，你选择用什么强项来迎战？请选择 1～3 个强项，填入地图相应的位置。

## 7-3

# 设置隐藏任务

以下内容如有必要才须进行设置。

1. 在与杂鱼敌人战斗时，如果需要增加强项，该采取怎样的行动来增加怎样的强项呢？请把这一条作为隐藏任务写在对应的位置。

2. 在与中间 BOSS 战斗时，如果需要增加强项，该采取怎样的行动来增加怎样的强项呢？请把这一条作为隐藏任务写在对应的位置。

3. 在与终极 BOSS 战斗时，如果需要增加强项，该采取怎样的行动来增加怎样的强项呢？请把这一条作为隐藏任务写在对应的位置。

## 回 答 示 例

< 当前所在地（今天 = 第 0 天）>
还未开始寻找新工作。应聘了 0 家公司，简历有 0 家公司通过，获得了 0 个内定资格。
能否凭自己的资历提升收入，对此我感到非常不安。

---

↓主线任务①：在求职网站上注册账号，根据理想未来的自我分析结果，筛选出 10 家自己有意向的公司。

↓主线任务②：制作 10 份简历，并投递给这 10 家公司。

【杂鱼敌人】
遭遇“写简历好难呀”大危机。

【用来对抗它的强项】
给人整洁、认真的印象（外表）× 拍摄专门的证件照（金钱）× 关于强项的自我分析（知识）。

★隐藏任务★
从书中学习如何写出亮眼的工作经历（知识）。

---

< 中间节点 1（1 周后）>
开始找新工作，已经给 10 家以上的公司投了简历。

---

↓主线任务③：参加面试。

【中间 BOSS】
遭遇“我不懂面试策略呀”大危机。

【用来对抗它的强项】
给人整洁、认真的印象（外表）× 在考试中锻炼出来的背诵能力（技能）× 找从事人力工作的朋友进行面试练习（人脉）。

---

<中间节点 2（1 个月后）>
获得了 1 家自己有意向的公司的内定资格。

---

↓主线任务④：接受内定资格，办理上一家公司的离职手续。
↓主线任务⑤：办理新公司的入职手续，完成新员工培训。
↓主线任务⑥：完成新公司下达的业务目标。

【终极 BOSS】
遭遇“对学习行业知识心里没底呀”大危机。

【用来对抗它的强项】
对知识的好奇心（性格）× 为获取知识购买 1 万日元的书（金钱）× 购买随时能读书的电子设备（物品）× 每周末挤出 6 个小时用来学习（时间）× 一个人在房间里专注学习（性格）。

★隐藏任务★
在对书中的行业知识加以总结后一并记忆。

---

<终点（3 个月后）>
已经适应了入职的新公司，完成了公司下达的任务目标。月收入相比过去成功提升 3 万日元。

至此，你感觉如何？

能够引领你前往理想未来的“理想职业地图”终于完成了！

接下来，你只需要拿着这张地图，朝着理想未来一往无前就可以了。

另外，到目前为止，你决定的想做的事情以及为此制订的策略，针对的都不过是你在“理想未来排序”中排名第一的事项。

你借助这张地图抵达终点后，完全可以针对“理想未来排序”中排名第二及后面的事项制作新的地图，再度出发。

如此一来，你理想未来清单中的事项便会一个接一个地实现，使你最终迎来一个所有理想都得以实现的、如假包换的理想未来——这才是你人生游戏的真正结局。

**你的人生只属于你自己，并不存在由他人绘制的“唯一正确的地图”**，有的只是一张你在直面自己的内心之后，以真挚的情感绘制的原创地图。

请拿着这张专属于自己的“理想职业地图”，沿着其中的道路，在享受乐趣的同时，脚踏实地地走完全程吧。

“我现在前进的方向通往的就是自己的理想未来”“我正朝着理想未来一点一点地前进”这样的想法一定会在今后的冒险之旅中，无数次地拯救自己于危难吧。

## 灰心丧气时要谨记的 5 条原则

最后……万一，在冒险旅程中你因为受到挫折而灰心丧气，该如何是好呢？

如果遇到这种情况，我希望你能回想起下面 5 条原则。

### 不断降低心理门槛！

**设置更多的中间节点，不断降低心理门槛。**

假设已经设置了“换工作”这个中间节点，那么可以在这之前再设置许多更小的中间节点，比如“在求职网站上注册账号”“做一道自我分析练习题”“向一家公司投递简历”“花一小时时间进行模拟面试”等。

不管多大的目标，只要一个接一个地实现在此之前的小目标，就一定能够达成。哪怕一个小小的“我完成了！”的感觉，也能成为推动你前进的巨大力量。就当是我在骗你也无所谓，这个方法一定要尝试一下。

### “休息日”也要设定！

绘制“理想职业地图”并严格地做好人生规划是不错，但是我们无法保证任何规划都能得到 100% 的执行。

作为凡夫俗子的我们，必定会有精疲力竭的时刻，遭遇打乱规划的突发状况也无法避免。无法按照地图顺利前进而心生焦躁，或是在与他人的比较中陷入消沉，这些都是有可能发生的。

但是，**越是遇到这种情况，我们就越要设定“休息日”，让自己得到充分的休息**，不管是半天、一天，哪怕是整整一周都没问题。

这和玩电子游戏一样，如果角色的生命值快掉光了，游戏是根本没法继续进行下去的，继续游戏只不过是空耗时间罢了。

此时我们就应该停下脚步，使用恢复类道具，**先让自己的体力和精力恢复到满格状态**。要知道，休息时间同样是你人生中有价值的组成部分。

## 别忘记给自己奖励！

越是认真、努力的人，其实越容易忘记给自己奖励。所谓奖励，不仅仅是具体的物品，也可以是使自己身心感到愉悦的事情，比如吃顿大餐、唱卡拉 OK、买些自己喜欢的东西，哪怕只是独处一会儿也是没有任何问题的。

**不管有没有取得成果，都不要忘记给努力过的自己送上一点儿奖励。**

你可以事先决定努力到什么程度就给自己什么样的奖励，这无疑会为你的人生增添许多乐趣。

顺便说一句，夸奖自己同样是一种有效的奖励，毕竟人都会因受到夸奖而开心。但是当我们长大成人之后，其实并没有太多获得他人夸奖的机会。因此，由最为亲近的自己来夸奖自己，就变得非常重要了。

这并不限于取得重大成果之时，采取了一个小小的行动，通过好好休息恢复了状态，**做了这些小事的时候也夸一夸自己吧**。

这样的话，即使你觉得自己快要坚持不下去了，一想到后面有一个又一个美好的奖励在等着自己，也能不断涌现出再加把劲儿继续前进的力气。

## 回首走过的路!

由于我们的眼睛总是向前看，因此一般来说，我们很容易只关注当前所在地距离理想未来还有多远。

然而，**有时回首过去，感受自己到目前为止前进了多少也是十分重要的**。

尤其是当你感觉距离理想未来仍然非常遥远，或是看到自己落后于他人并为此非常焦躁时，更应该有意识地回顾来时走过的路。

这样一来，你会发现自己其实一直在脚踏实地地前进着；尽管一开始自己什么都不会，但现在的自己已经发生了很大的变化。然后，你才有信心把目光重新投向自己应该前进的道路。

有的时候，你在回过头来看时，也许还能帮助身后的一些人，并从中感受到自身的成长，进而转化为你继续前进的原动力。

所以，希望你能同样地把“回首过去”谨记在心。

## “关卡”怎么换都 OK！

最后，我想告诉大家的是，这个游戏的“关卡（想做的事情）”是可以随意改变的。换句话说，就是**没有必要纠结于手段**。

说到底，制作“理想职业地图”是为了实现理想未来，而我们所选择的特定关卡，不过是实现这一目标的手段之一。

因此，**如果这个关卡让你感到非常痛苦，根本无法施展自己的能力，那么完全可以换一个关卡**。再强调一遍，我们的目的是抵达理想未来，而非在特定关卡中停留。

况且，在不断更换和体验各种关卡的过程中，我们反而能更清楚地知道什么适合自己、什么不适合自己。

你所追求的成长，需要的是自身乐于承受的负担，一旦你觉得当下的负担过于沉重，就应该换一个能让你乐在其中的关卡。

当然了，不管你选择怎样的关卡，我都诚挚地希望它能帮助你实现自己的理想未来。

太好啦，老姐，我们的“理想职业地图”终于制作完成啦——！

是啊，太好了！而且与其说是“理想职业地图”，我感觉更像是“理想人生地图”。一想到这是这个世界上专属于我一个人的地图，就觉得感慨万千……

像这样认真地直面自己的人生，详细地了解自己，并为了自己的将来制订具体的计划，这些都是我出生以来第一次经历呢。

我也是。在这7天当中，我们一直在自主思考自己想做些什么，没有让别人替我们回答，也没有受到他人意见的干扰，这让我非常高兴，有一种很强烈的重视了自己的感觉。

喂，老姐你别哭啊，搞得我也要哭了！

恭喜两位完成了“理想职业地图”！这7天真是辛苦你们了。

啊！是那位姐姐！太好了，还以为再也见不到你了……

就是啊！好不容易才完成“理想职业地图”，我就想着要给你看看……能再见到你真是太好了！

呵呵，昨天让你们担心了。其实我是在忙着为你们二位返回现实世界做准备呢。

现实世界……是啊，这个游戏也要结束了呢……

那我们，算不算通关了这个游戏呢？

是的，这场持续7天的“理想职业大冒险”你们通关了，恭喜你们！不过别忘了，回到现实世界后，你们的人生游戏还在继续哦。

人生游戏……是啊，说起来一切才刚刚开始呢！

哈哈，没错。为实现自己的理想人生所需要的一切，你们应该都已经在这个游戏中学到了。你们今后要做的就是按照这份“理想职业地图”，不断地朝着理想未来前进。

是啊……真是得多谢您的照顾！那个时候您能在咖啡店里主动找上我们，真的是太好了。

哈哈哈。其实呢，以前我也一样，对自己一点儿都不了解，甚至和你们一样，也在那家店的那个位置上叹过气呢。真叫人怀念。

咦，你原来是这样子的吗?!

呵呵，我的事情就不提了。

那么，既然两位已经拿到“理想职业地图”了，那我现在就把你们送回现实世界。

是！我们会加油的！

看得出来，你们两位真的获得了很大的成长。我想，只要有这份地图，你们今后一定不会再迷惘了。作为礼物，我会把这个游戏教给你们的所有东西总结成一本书送给你们，如果你们今后再感到担忧，可以翻开这本书看一看。

好啦，从明天起，也要继续享受你们的人生哦！

——回到了现实世界的二人，拿着神秘女士送的书以及专属于自己的“理想职业地图”，飒爽地向前走去。

# 恭喜!!!

## 第 7 天成功过关!

- 为了提高抵达理想未来的成功率，要提前预测敌人，准备好用于击退敌人的强项。制订这些适合自己且切合实际的作战策略是非常重要的。
- 按照 2 轴思维的原则，思考如何对他人、对自己发挥强项。
- 将多种强项相乘使用，来提高抵达理想未来的速度和成功率。

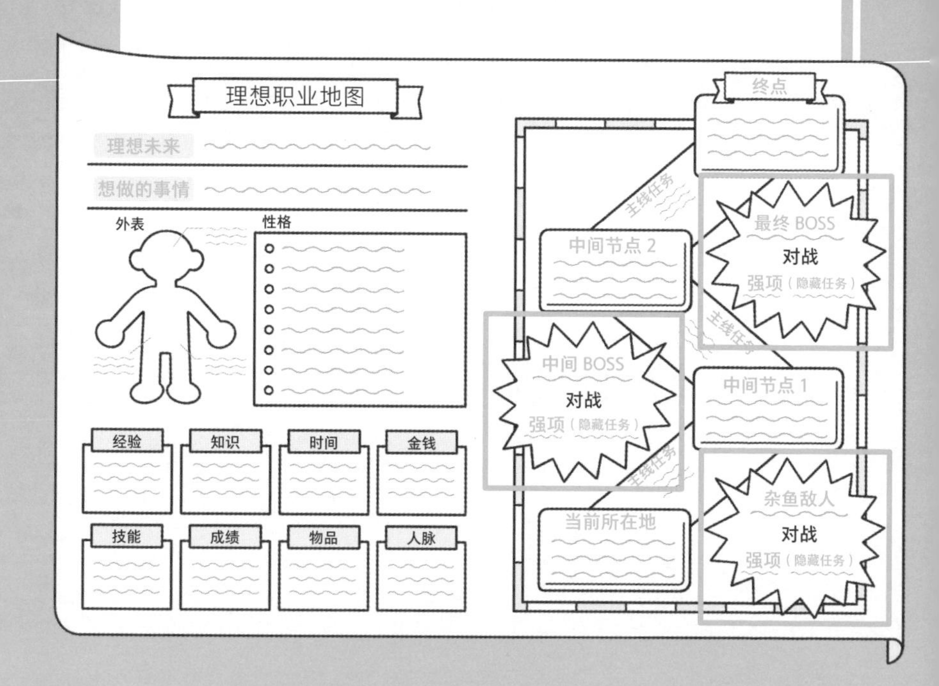

后记

# 曾经无比自卑的我，人生是如何被强项改变的

“我对你真是太失望了。做不出任何成绩就算了，竟然还只干了一年就辞职。”

这是我23岁时从以应届生身份入职一年的公司辞职的那天部门负责人对我说的一句话。而这位负责人是在我落选了超过100家公司后，唯一录用了我的人。

在听到这句话的瞬间，我只觉得五味杂陈，心里充满了歉疚、羞愧和后悔。当时，我心里想着，至少在最后关头别再给人添麻烦，于是强忍着眼角的泪水，紧咬牙关，逃离了公司。

一心只想着尽快离开那里的我钻入自己的车内，启动引擎。就在汽车发动起来准备向前行驶之时，“我这个人啊，真是没用……”，随着脱口而出的这句话，豆大的泪珠从我的脸颊滑落，视野中的红色信号灯也立刻变得模糊起来。我慌忙把车子停在路边，而此时的自己早已哭成了泪人。

抱歉，突然的这番话或许让你有些摸不着头脑。

但是，对于将这本书读到最后的你，我还有一些话想要表达。

为什么我会想到要写这本书呢？原因是，**我发自内心地想让更多的人能够自信地生活**。

回想起来，从小不管是学习还是运动我都不擅长，并且特别害怕与别人交流，因此总感觉自己低人一等。

自我介绍和展示就更不用说了，所以在找工作期间，包含简历筛选和面试在内，我有着落选超过 100 家公司的惨痛经历。

也正因如此，在后记的开头，我会对录用了自己的公司怀有不同寻常的感激之情。当时被分配到营销部门的我心里想着，多少要为公司做出点儿贡献，于是拼命地工作。

然而结果是，不管经过几个月，自己的销售业绩始终垫底。

不仅如此，我的努力甚至还起了反作用，比如引来顾客投诉，或是驾驶贴了新手标志的公司公用车撞上电线杆而赔了不少修理费，等等。总之，当时我一直因为各种事情被上司们训斥，并且由于我的营业额比我的工资还要少，相当于平白浪费了公司经费，同事们常常在背地里说我是公司的累赘。

“我真没用，什么事情都做不好。不管去哪里都得不到别人的认可。”

时至今日，每当我闭上眼睛，当时那种深陷自我否定、每天都活在痛苦当中的经历依旧清晰得如同昨日一般。

但是某一天，足以改变我人生的转机突然降临了。

依旧是在我 23 岁的时候。在犹如逃跑一般地辞掉第一份工作后，我总算抓住了救命稻草，入职了另一家公司。在这里，销售部前辈一句无心插柳的话，令我深受震撼。

当时我希望能在第二家公司转换心态，有所作为，所以每天早上 6 点就起床，练习如何提出策划方案。然而和同事相比，无论我怎么练习，好像都没有任何进步。看着这样的我，前辈说道："怎么还是这么差劲呀（笑）。不过呢，你的强项其实是能专注于倾听并和对方拉近距离。在销售中你应该多发挥这方面的能力。"

这句话于我而言如醍醐灌顶。

一直以来，我认为自己不管在哪里都得不到认可，是因为我打心底里坚信自己不可能有任何强项。

既然如此，没有任何强项可以倚仗的我便完全以前辈的那句话为支撑，不再练习如何提出策划方案，而是从第二天开始，努力使自己专注于倾听顾客的每一句话。

结果，一直以来备受顾客冷眼相待的我逐渐变得和顾客相谈甚欢起来。这是因为谈话内容的 80% 不再是我那糟糕的策划方案的汇报，而是顾客的烦恼。

"感谢你今天听我说了这么多。跟你聊天我很开心，也有幸看到了产品介绍。我还会再来的。"

第一次听到顾客对我说出这样一番话时，我不禁流下了眼泪。当然，这一次绝非伤心的泪水。以前我一直苦于自己没有任何强项，因而这番话让我喜出望外，如同有一股暖流涌进了心底一般。

我第一次感受到，原来自己也是有强项的。于是接下来，我更加努力地工作，短短一年后，销售业绩就名列公司的榜首。我甚至还以最年轻员工的身份获得了晋升，在工作方面不断精进，像是换了个人似的。

从此，我的人生也发生了天翻地覆的变化。

之后，为了找到更适合自己的工作方式，我先后跳槽、创业、出书，甚至还出现在了各种媒体上（！）。同时，对于许多原以为自己做不到的事情，我也开始变得乐于挑战；很多梦想也一个接一个地实现了。

这些成就，全都得益于我明白了一个道理：**不管做什么事情，只要知道了自己的强项所在，就不会再害怕去面对。**

所以我才能这般如鱼得水，体会到拥有自信的人生是如此快乐，如此叫人沉醉其中。

不过，通过创业，我也注意到了一些事情。

在我不经意间观察周围的成年人时，我惊讶地发现没有自信的人占绝大多数。这令我确信，无比渴望获得自信的成年人还有很多很多。

这些人，有的不知道自己的才能或强项，自然也就不知道如何发挥它们。他们一想到明天还要继续上班，就会露出一副沉郁的表情来。

还有的人，只是一味地遵照大众所认为的“正确答案”生活，每天都在苦恼自己到底是为了什么而活。

看着这些因为缺乏自信而面露悲伤的成年人，我就像是看到了过去的自己一样心痛不已。

可实际上，每个人都有着傲人的强项，只要他们意识到这一点，就能主动选择一个可以发挥自己强项的环境……

正因如此，我希望越来越多的人能知道自己的强项所在，并怀着享受事业、享受人生的心情，在自己的工作岗位上发光发热。

出于这样的考虑，我写下了这本书。

非常感谢你读完这个关于我的冗长故事。

这本书的灵感来源于我很小的时候在书里看到的“藏宝地图”。

看着标注了珍贵宝藏埋藏地点的地图，我心中的雀跃与振奋难以抑制。

儿时的我并不是那种能和朋友们开开心心地一起玩捉迷藏或球类游戏的人。更多的时候，我会在读完书后，画出自己想象中的“藏宝地图”，并在附近的空地上偷偷建造秘密基地，在自己想象的世界中独自体验着寻宝的大冒险之旅。

可是当我长大成人后，就很少会有儿时那种雀跃的情绪体验了。升学和就业，我应该选择哪一条道路？入职什么样的公司会更幸福？我越来越多地用头脑，而不是用内心去思考了。

于是乎，在不知不觉中，我开始一个劲儿地追求他人眼中的“正确答案”；我不再亲自描画地图，而是一心想要获取有着“正确答案”的地图成品。

我想很多人有着与我相同的感受。

可是，我还是希望能像儿时一样，自己画出“藏宝地图”，重新感受把地图握在手中的那种雀跃，重新体验一番只要自己愿意就可以去往任何地方的那种心情。

我想要的正是这样一本书，为此，我将它写了出来。

你是否体验到了本书创造的世界带给你的快乐呢？

希望从今天开始，你能够像玩游戏一样找到并且灵活运用自己的强项，从而走上一条令人心情喜悦的全新的人生道路。

同时，我也希望当你遭遇挫折而心灰意冷时，这本书能成为你所珍视的宝物，鼓舞你继续前进。

今后我也将一如既往地支持你。

土谷 爱　2022 年秋

JIBUN DAKE NO TSUYOMI GA ASOBU YŌ NI MITSUKARU TEKISHOKU NO CHIZU by Ai Tsuchitani
Copyright © 2022 Ai Tsuchitani
0riginal Japanese edition published by KANKI PUBLISHING INC.
All rights reserved
Chinese (in Simplified character only) translation rights arranged with
KANKI PUBLISHINGINC. through BARDON CHINESE CREATIVE AGENCY LIMITED, Hong Kong.

本书中文简体版权归属于银杏树下（上海）图书有限责任公司
著作权合同登记图字：22-2024-064号

图书在版编目（CIP）数据
如何找到想做的工作 / (日) 土谷爱著；叶文麟译.
贵阳：贵州人民出版社, 2024. 12. -- ISBN 978-7-221-18469-6
Ⅰ. TP311.5
中国国家版本馆CIP数据核字第2024333GN5号

RUHE ZHAODAO XIANGZUO DE GONGZUO

# 如何找到想做的工作

[日] 土谷爱　著
叶文麟　译

出 版 人　朱文迅
出版统筹　吴兴元
策划编辑　代　勇
特约编辑　谢翡玲
责任印制　常会杰
选题策划　后浪出版公司
编辑统筹　王　頔
责任编辑　赵帅红　王潇潇
装帧设计　柒拾叁号
出版发行　贵州出版集团　贵州人民出版社
地　　址　贵阳市观山湖区会展东路SOHO办公区A座
印　　刷　河北中科印刷科技发展有限公司
经　　销　全国新华书店
版　　次　2024年12月第1版
印　　次　2024年12月第1次印刷
开　　本　889毫米 × 1194毫米　1/32
印　　张　7.5
字　　数　161千字
书　　号　ISBN 978-7-221-18469-6
定　　价　49.80元

读者服务：reader@hinabook.com188-1142-1266
投稿服务：onebook@hinabook.com133-6631-2326
直销服务：buy@hinabook.com133-6657-3072
官方微博：@后浪图书

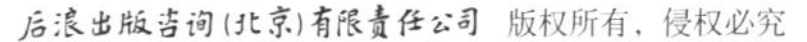

版权所有，侵权必究
投诉信箱：editor@hinabook.com　fawu@hinabook.com
未经许可，不得以任何方式复制或者抄袭本书部分或全部内容
本书若有印、装质量问题，请与本公司联系调换，电话010-64072833

贵州人民出版社微信